傭兵の二千年史

菊池良生

講談社現代新書

はじめに

マッチ擦るつかのま海に霧ふかし身捨つるほどの祖国はありや

と寺山修司が詠んだとき、少なくとも寺山の頭のなかには「祖国」という概念があったはずである。そして、その「祖国」とは「身捨つるほど」のものでなければならないのだ。しかしそれではヒトはなにゆえに祖国のために身を捨てるのか？
歴史家のベネディクト・アンダーソンが、『想像の共同体』（白石隆他訳）のなかでこんなことを書いている。

今世紀の大戦の異常さは、人々が類例のない規模で殺しあったということよりも、途方もない数の人々が自らの命を投げ出そうとしたことにある。

つまり「祖国のために死ぬこと」の「祖国」が途方もない規模に広がっていることに、アンダーソンは首をかしげているのだ。

たしかに、自分がたまたま生まれ落ちたきわめて限定された地域への愛着、あるいは憎悪。これならば皮膚感覚でヒトの身体に刷り込まれる仕組みがある程度理解できる。そして、古代より喧伝《けんでん》されてきた祖国愛とは、こうしたきわめて狭い地域に対する愛郷主義のことに他ならなかった。

昔、ヒトは地域愛郷主義のために、つまりは父のため、母のため、妻のため、子のため、恋人のため、友のために身を捨てた。それゆえ、そのとき死に行く彼の瞼《まぶた》に浮かんだ多くの顔はいずれも彼が見知っている人々のそれであったのだ。ところでヒトはその短い生涯のなかで、いったい何人のヒトと直接口をきくことができるのだろうか。いずれにせよヒトはこうした対面可能な人々が構成している、小さな小さな共同体のために進んで身を捨てたのだ。

しかし寺山修司の言う「身捨つるほどの祖国」とは、ヒトの短い生涯で対面可能な人数を無限に凌駕《りようが》する無数の人々で構成されているはずである。それがヨーロッパ近代が作り出した祖国というやつだ。

この祖国をアンダーソンは「想像の共同体」と言う。つまり、ヒトはいつしか、まったく顔も見たこともない、口もきいたこともない何千何百万の無数の人々と一つの共同体を幻視するようになってきた。こうしてかつての地域愛郷主義をはるかに超える巨大な共同体への愛着が、すなわちナショナリズムがこうして生まれる。

しかしそれにしても不思議だ。「途方もない数の人々が自らの命を投げ出そうとした」ナショナリズムはどのようにして出来上がったのか？　この「ナショナリズムの由来」（大澤真幸）を探る旅は途方もなく長く険しい。

この長い旅程にある男たちがたたずんでいる。地域愛郷主義のためでもない、ましてや祖国のためでもない。ひたすら己が食うため、生きるため、金のために、つまりは近代国家の祖国愛はむろんのこと、近代以前の地域愛郷主義ともまったく無縁に戦ってきた傭兵の群れである。彼らは王家の私利私欲が剥き出しな武力衝突となる無数の王朝戦争の際にも、決して一つの特定の王朝に忠誠を誓うことはなかった。それでいてナショナリズムが生まれる近代以前、戦争は彼ら傭兵たちが主役であった。というよりか傭兵は古代オリエント以来、市民軍、封建正規軍、徴兵軍と並ぶ最も基本的な軍制の一つであった。つまり古来、戦争とは忠誠、祖国愛といった観念とは対極に位置していた傭兵たちによって担われていたのである。それがいつしかナショナリズムにより途方もない数の人々が祖国のために身を捨てる国民戦争に変質したのである。であるならば、これら傭兵たちの歴史を覗けばひょっとしたら近代のナショナリズムの仕組みが逆説的にほの見えてくるかもしれない。

本書はこんな淡い期待のもとに書かれた。

目次

第一章　クセノフォンの遁走劇

ペロポネス戦争の指導者
ペリクレス
（ヴァティカン美術館蔵）
（写真＝WPS）

世界で二番目に古い職業

「世界最古の職業」である売春と傭兵稼業は似ていなくもない。

古代オリエントの史料によれば売春は宗教と密接に結びついていた。普通の結婚を禁じられていた巫女《みこ》が不特定多数の相手と性交渉を持つ。これが神聖娼婦。ちなみに「処女の巫女」が登場するのは、父権専制国家体制が確立されてからのことである。いずれにせよ、世俗の売春はこの神聖娼婦の流れを汲むものらしい。それゆえ、売春宿のことを「女子修道院」と宗教用語で呼ぶ習慣が残った（『売春の社会史』バーン&ボニー・ブーロー）。

そういえば、放火、追いはぎ、強盗、人殺し、略奪とありとあらゆる悪事に手を染めていた十六世紀ドイツ傭兵部隊（ランツクネヒト）は、図々しくも、自分たちの部隊を崇高な使命を持ったキリスト教騎士団になぞらえている。もちろん傭兵の起源が宗教にあるのかどうかは定かではない。

しかし戦争は間違いなく宗教と結びついていた。戦いは神の意志であったのだ。だからこそ古代オリエントの人々は卜占《ぼくせん》によって戦いの可否を知ろうと努めた。

さて、神は戦いを望んだ。即座に兵が召集される。ところが古代オリエントの兵制には後の「国軍」に相当する「市民軍」がない。専制国家体制のもとで「市民」そのものが存在しなかったからそれも当然のことであった。そこで軍隊は被征服民族からの強制徴募兵と傭兵が大部分を占めることになる。

つまり売春と傭兵はともに、やがて古代ギリシャ、ローマ、キリスト教文化と発展していくヨーロッパ文明の礎《いしずえ》を築いた古代オリエントの時代に既に自分の生身を切り売りして銭を手にする哀しい職業として存在していたのである。売春と傭兵稼業の最大の共通点はその古さにあるというわけである。だとすれば、「売春が世界最古の職業ならば、俺たち傭兵は世界で二番目に古い職業についている」(『傭兵部隊』ジェイムズ・マギー)という二十世紀のある傭兵隊員の科白《せりふ》もあながち間違いとはいえないだろう。ともあれ、傭兵制は古代オリエントにおいて、最も基本的な軍事制度の一つに組み入れられていたのである。

ところで、古代オリエント諸国は一部を除いて常備軍を持たずに有事の際に各地からの強制徴募兵と傭兵で軍を編制していた。こういう寄せ集め軍隊には統一された訓練と規律という概念がない。つまり、どんなに大部隊でかつ強兵の集まりでもどこかに穴がある。そしてこのことが、クセノフォンが率いる一万人のギリシャ人部隊が敵地ペルシャ帝国からからくも逃げおおせた理由の一つであるとものの本には書いてある(『世界歴史事典』平凡社編)。

クセノフォンのギリシャ人部隊

さて、それではクセノフォンが率いる一万人のギリシャ人部隊とは何か。

クセノフォンと言えば、ソクラテス門下でプラトンと机を並べた古代ギリシャの哲人というイメージが強い。高校時代に「倫理」の授業で『ソクラテスの思い出』を無理やり読まされた向きも多いだろう。

しかしクセノフォンはまずもって軍人であった。彼は紀元前四〇一年、ペルシャの王子キュロスが兄王アルタクセルクセス二世の王位簒奪《さんだつ》を狙った遠征に参加し、一敗地にまみれ、キュロス戦死後はペルシャから敵中六千キロを切り抜け、命からがら、祖国アテネに逃げ帰っている。そのとき彼に随《つ》き従ったのがギリシャ人部隊一万人である。この大部隊の遁走劇の艱難辛苦《かんなんしんく》はクセノフォン自身の著作『アナバシス―敵中横断六〇〇〇キロ』に詳しい。

もちろん、一万人のギリシャ人は何も好き好んでペルシャ王家の骨肉相食《あいは》む争いに首を突っ込んだのではない。王子キュロスに心酔していた「クセノフォンの弁明」に心打たれたからでもない。彼らの大部分は生活に窮したために海を渡ってまで傭兵稼業に乗り出したのである。

つまり彼らギリシャ人はペルシャ王子キュロスに雇われた傭兵だったのである。キュロスがギリシャ傭兵の閲兵を行い、兵員の数を調査した際、総数は重装歩兵一万一千、軽装歩兵二千であったとクセノフォンは書いている。総勢一万三千のうち、なんと一万人も敗戦の中、敵地を六千キロも逃げおおせたということになる。

しかしそれにしても、古代ギリシャにも傭兵という職業が存在していたとは少し驚きかも知れない。

古代ギリシャ都市国家の軍隊は「市民軍」が中核であった。市民にとって兵役は直接税のようなもので、武器も装備も自弁で、都市の共同体成員としての無償の愛国的献身であった。少なくとも初期はそうだった。ところで、ここで言う市民とは、例えば都市国家アテネに住む住人すべてを指しているのではない。ある推計によると、前四三一年のアテネの人口は二十三万人とある。そのうち在留外国人が家族を含めて三万人、奴隷が八万人、そして市民とその家族が十二万人となっている。仮に、一家族が平均四人とすれば市民と呼ばれるのは三万人ということになる。

これが中小土地所有市民である。つまり市民とは土地の所有が許された人々のことをいう。しかも、その資格は両親がともにアテネ人でなければならない。それゆえ長らくアテネに住み、文化国家アテネの名を高からしめたあのアリストテレスですらついにアテネ市民とはなれなかったのである。

このアテネ市民だけに兵役の義務がある。否、彼らだけにしか兵役資格がないと言ったほうがよいかも知れない。兵役は市民にとって自分たちのステータスを示す一種の誇りでもあったのだ。

もちろん、このような理想的兵制は長続きはしない。都市国家はこの理想的兵制を駆使して、やがて帝国主義的対外膨張に乗り出し多くの植民地を獲得する。打ち続く遠征に中小土地所有者である市民兵は自分の土地を耕す暇もなくなる。おまけに植民地から収奪する富が都市国家に流れ込んでくる。そして健全な自給自足体制が崩れ、貨幣経済が到来する。そして貨幣経済の進展とともに中小土地所有市民は経済的に没落し、無償の兵役を嫌がるようになる。そこで出征兵に日当を出すことが始まる。

この本来無償であったはずの愛国的献身を貨幣価値に換算する風潮と、傭兵依存のそれとは指呼《しこ》の間《かん》である。あるのっぴきならない事情が都市国家の背中を一押しすれば、かつては市民の誇りであった市民皆兵制度は崩れ、傭兵依存が始まる。そしてそれは紛《まぎ》れもなく栄華を誇った都市国家崩壊の兆《きざ》しでもあった。

アテネの衰退と傭兵の発生

事実、アテネはこの道をひた走ることになる。

先に挙げた前四三一年とは実はペロポネソス戦争開始の年である。この戦争はアテネを盟主とするデロス同盟とスパルタを盟主とするペロポネソス同盟が、ギリシャの覇権を巡って血みどろの戦いを繰り広げたギリシャの内戦である。

思えば、この約半世紀前、ギリシャはオリエントを統一したペルシャ帝国の侵攻に対してすべての都市国家が打って一丸となってこれに対抗した。前後四回にわたるペルシャ戦役（前四九二～前四四九年）でギリシャ諸都市のまれに見るチームワークはついに強敵ペルシャの脅威をはね除《の》けた。それが厳しかった戦乱の血糊《ちのり》も乾かぬうちに、こともあろうに内戦に突入するとは、まさに人間とは「艱難辛苦は共にできても、富貴は共にできない」ものらしい。ともあれ、この未曾有のギリシャ内戦こそがギリシャ各都市国家を没落に追い込んだ。とりわけ、アテネは深刻な危機に見舞われた。

アテネ市民で、自身、ペロポネソス戦争に参加した歴史家トゥキュディデスはこのときのアテネ軍の陣容を次のように書いている。すなわち、重装歩兵、一万三千。要塞と城壁の守備兵、一万六千。騎兵は騎馬弓兵を含めて千二百。弓兵、千六百。就航可能な三段撓船、三百隻、と。つまり陸兵が三万二千、艦船に六万の兵、合わせて九万の兵だというのである（『戦史』トゥキュディデス）。

後世の歴史家はこれに首をかしげる。当時のアテネにこれほどの動員力があったとはとても思えない、と。少なくとも先に挙げたアテネ市の前四三一年当時の推計人口ではこんなことはあり得ないことになる。

だいたい、古代ギリシャ、ローマの歴史家が挙げる数字はべらぼうなものが多い。そういえば「歴史の父」と謳《うた》われているヘロドトスも、ペルシャ戦役の天王山であったマラトンの戦いでアテネ軍は八スタディオン先にいるペルシャ軍に向かって駆け足で突撃した、と書いている（『歴史』ヘロドトス）。

八スタディオンといえば千五百メートルである。アテネ軍は盾、剣、長槍を持ち、そして甲冑をつけた重装歩兵である。しかもファランクスと呼ばれる密集方陣戦術を採っている。それが一気に千五百メートルも走れるのか。この陣形でフォーメーションを崩さずに駆け抜けるのはせいぜいいいところ百五十メートルである、と後世の史家は難癖をつける。

確かに、物語と歴史学が未分化の時代の史書には中国の「白髪三千丈」式の誇張表現が多いことは否めない。当時、「歴史」は詩と同じ文学芸術であった。ある意味では散文詩であった。であるならば事実を曲げてまでも文章の勢いに心砕いたことがあったかもしれない。

だからこそ、これは「歴史」ではなく、あくまでも「覚書」に過ぎないとして、文章表現の彫琢《ちょうたく》を一切、排除しながら淡々と事実に沿ってガリア戦争を叙述したカエサルの『ガリア戦記』に対する後世の史家の評価は高いのである。ところが、この史書ですら、所々、カエサルの誇張表現が見られると指摘されているのである。

しかし、これら古代ギリシャ、ローマの史書の挙げる数字がよしんば実勢とかけ離れていたとしても、それは間違いなく当時の人々の真率な感情の表れだったのだろう。すなわちアテネはペロポネソス戦争で乾坤一擲《けんこんいってき》の勝負に出たのだ。兵はいくらあっても足りない。アテネ市当局は必死になって兵を掻《か》き集める。

そこで、まずは出征市民兵への日当支払いが始まる。だが、これはこれで仕方がないところがある。もっと深刻なのは肝心要《かなめ》の市民兵該当者が激減したことである。

戦争勃発の翌年、アテネを疫病が襲った。第一次世界大戦後、スペイン風邪が全世界で合計千七百万の命を奪ったように、古来より戦争の被害者よりも疫病のそれのほうがはるかに多かったのである。そして、当時のアテネの被害は甚大で、英邁《えいまい》な指導者ペリクレスもこの疫病に倒れた。アテネに兵役可能な市民が払底《ふってい》する。ここにアテネ市当局は戦争遂行のために遂に、クレタ諸島やバレアレス群島（イベリア半島北東、現在のスペイン領）から多数の傭兵を雇い入れることを決める。

この傭兵の大量採用が一時的に功を奏し、アテネは優位に立った。しかしペリクレスの後を襲った指導者はいずれも好戦的に過ぎ、アテネは矛を収める潮時を見誤った。

一方、膝を屈しての講和申し出を拒否されたスパルタ側はペルシャと手を結び海軍力を増強し、黒海の制海権を握り、アテネへの穀物輸送をストップさせる。ここにアテネはスパルタの軍門に下った。

アテネの没落が始まる。その後の一時の国力復興は、燃え尽きる前の蠟燭《ろうそく》の一閃に過ぎなかった。そしてこの内戦の爪跡は、勝者スパルタにも深く食い込んだままとなった。ギリシャ全体の地盤沈下が起きる。こうしてギリシャ人自身が生活に窮して、外国に雇われる傭兵に身を落とすことになる。

これが、クセノフォンの『アナバシス—敵中横断六〇〇〇キロ』にいたるまでのざっとした歴史である。

そこで確認したいことがある。

貴族の権力独占が崩れ、民主制が敷かれたとき、ギリシャ都市国家は盛時を迎える。共同体成員である市民は何の疑問もなく祖国防衛に馳せ参じる。ところが、この国力増大は帝国主義的対外侵略と植民地経営熱を昂じさせ、同時に貨幣経済の浸透を招くことになる。そして市民の間に貧富の差が広がる。一部の市民はかつては無償の愛国的献身であった兵役を忌避するようになる。そこで兵役に日当を出すことになる。こうして兵役がひとつの職業になっていく。このとき都市国家は没落の道を歩み始める。

やがて兵士のなり手である市民層が経済的に没落し、さらには都市国家自体がたとえば疫病のような不測の事態に対応できない脆弱《ぜいじゃく》さを露呈しだすと、当局はやむを得ず傭兵に依存していくことになる。そして国家は衰退の一途をたどる。すなわち市民正規軍が解体しかけるとき、軍としての傭兵が大量に発生するのである。

正規軍の解体とは社会の骨格の崩壊を意味する。そしてその社会の骨格の崩壊はいつの時代でも民衆を直撃する。こうしたパニックからの脱出の道が人にとって最大のパニックであるはずの死と直結した戦争しかないとき、彼ら民衆は生きるため、食うために戦場に身をさらす。すなわち歴史の表街道でアレクサンダー大王やカエサル、あるいはナポレオンら英雄たちの華やかな合戦絵巻が繰り広げられる一方、その裏では飢えた民衆たちが傭兵に身をやつし、ひたすら食うため、生きるために戦場でのた打ち回っていたのである。

第二章　パックス・ロマーナの終焉

ローマ軍を徴兵制から
志願兵制にした
ガイウス・マリウス
（ヴァティカン美術館蔵）
（写真＝WPS）

兵役はローマ市民の誇り

軍事技術の伝播《でんぱ》速度は驚くほど速い。

古代ギリシャで猛威を振るった重装歩兵の密集方陣戦術（ファランクス）は、そのギリシャを制圧したマケドニアで改良され、アレクサンダー大王の大帝国建設に一役買うことになるが、この戦術が当時はイタリア半島のほんの一隅を占めるだけであった都市国家ローマにまで達するのにほとんど百年もかかっていない。

ところで、ローマはこの密集方陣戦術をエトルリアから学んだ。エトルリアといえば、現在のフィレンツェ市を中心とするトスカーナ地方に在住し、ギリシャ文化を受け継いだ、イタリア半島きっての先進民族であった。それが前三世紀ごろ、弟子筋にあたるローマによって滅ぼされる。

都市国家ローマはイタリア半島の覇権を握り、やがて初の海外属州であるシチリアを獲得したのを皮切りに、次々と帝国主義的対外膨張政策を推し進める。この前三世紀後半ごろから共和制ローマは帝政こそ敷いてはいなかったが、事実上の「古代ローマ帝国」となっていた。

ローマ人は法律作成能力と土木作業の天才であった。いずれも合理的な思考がなければとてもおぼつかないものである。この合理精神が無敵の軍隊を作り上げる。まさしく軍隊の効率的組織化、軍事訓練、鉄の軍規はローマ人の発明であった。
とりわけ、軍事訓練。ローマ人ほど「訓練と習熟なしに勇武なしという真理を、実に心得て」いたものはなかった（『ローマ帝国衰亡史』E・ギボン）。なにしろ、ラテン語の軍隊という名詞は訓練を意味する動詞からの派生語なのだ。

それではローマ軍兵士は、なにゆえこれらの日夜不断の訓練に耐え忍ぶことができたのだろうか？　そもそもローマ軍はどのようにして組織されたのか？

古代ギリシャ軍同様に、ローマ軍もまたローマ市民がその中核となっていた。市民とは一定以上の資産を持つ者で、一方、資産は子供しか持たないような無産者（プロレタリアート）は兵役免除であった。すなわち兵役はローマ市民の誇りであった。そして兵役資格を有する彼らローマ市民のこんな名誉心を保証するのは、一握りの権力者たちの好き勝手を決して許さぬように精巧に構築されたローマ法体系であった。ローマ法の下、ローマ市民は正規軍団編制権を持つ任期一年の執政官の召集に長槍、剣、盾、甲冑を自弁で馳せ参じたというわけである。

こうした軍隊は強い。前三世紀、ローマ正規軍団は四軍団。各軍団の兵数は騎兵三百、歩兵四千二百。さらにローマにひれ伏したイタリア半島の同盟都市よりの援軍が加わる。こうしてローマの海外飛翔が始まる。

まずは地中海の覇権を巡ってアフリカの大国カルタゴと激突する。前後三回、足掛け百年近く戦われたポエニ戦役である。ポエニ戦役と言えば、第二次（前二一八〜前二〇一年）、カルタゴの武将ハンニバルが敢行したアルプス越えが名高いが、ここでは第一次（前二六四〜前二四一年）に注目すべきだろう。

第一次の戦争の舞台はシチリア島であった。カルタゴは敗れた。ローマとの講和条約締結後、カルタゴ当局は兵たちをアフリカに連れ帰らなければならない。しかしこの兵たちのカルタゴ帰還後が大問題となった。海外貿易で巨万の富を積み上げてきたカルタゴもさすがにこの敗戦で財政が底をついていきて、兵たちに払う給料が捻出できなかったのである。

つまりカルタゴ軍はローマ軍のように市民皆兵による徴兵軍ではなく、ほとんどが傭兵軍でなっていたのだ。「ゴール人、スペイン人、リグリア人、バレアル人、混血のギリシャ人、それは大部分が脱走奴隷であったが、さらにアフリカ人が多数をしめていた」傭兵は総数で十二万を超えていたという（『総史』ポリュビオス）。戦いが済んでも傭兵たちはそれぞれの故郷に帰らずに執拗《しつよう》に給料支払いを求める。しかしカルタゴ当局には彼らに支払う金がない。行き着く先は傭兵の反乱しかない。

傭兵たちは日頃からカルタゴに隷属させられていたリビアをはじめとする各都市に共同戦線を持ちかけ公然とカルタゴに反旗を翻《ひるがえ》した。これが三年と四ヵ月続いた「アフリカ戦争」である。

むろん非はカルタゴにあった。結局、カルタゴは名将ハンニバルの父ハミルカル・パルカの卓抜な作戦により、からくもこの傭兵の反乱を鎮圧することができた。しかし、四万の傭兵が殺戮されたこの「もっとも恐ろしく、もっとも不徳な戦争」にカルタゴの命数は尽きたと言っていいだろう。ローマを相手の第二次、第三次ポエニ戦役はたとえ、名将ハンニバルのアルプス越えという破天荒な幕間劇《まくあいげき》があろうとも、その結果は見るまでもなかった。市民皆兵のローマ市民軍と海洋商業国家カルタゴのいつなんどきでも、烏合《うごう》の衆となりかねない各地からの寄せ集めの傭兵軍とでは最初から話にならなかったのである。こうして七百年にわたって栄華を誇ったカルタゴは滅び、ローマの属州となる。このときローマは建国六百年を数えている。

市民軍から志願兵制へ

シチリア、サルジニヤ、コルシカ、スペイン、マケドニア、北アフリカとローマは次々と属州を手に入れる。

イタリア半島の同盟都市はローマに対し軍事義務を課せられていただけだが、属州となるとこの軍役に加えて納税義務を負わされた。こうして各属州から莫大な富がローマに流れ込み、ローマは貨幣経済の波に洗われることになる。打ち続く海外遠征と貨幣経済の浸透によってローマ市民に貧富の差が広がり、中小土地所有者は経済的に没落していく。無敵を誇ったローマ市民軍の一角が崩れていったのである。

ポエニ戦役当時から出征兵士には日当が出されていたが、それではとてもおっつかない状況になってきた。そうこうするうちに、前一〇九年「ユグルタ戦役」と呼ばれる戦いが始まった。これは北アフリカにあるローマの同盟国ヌミディア王国（アルジェリアの古代国家）の内乱に端を発している。ローマは直接軍事介入を決意した。

しかし思うように兵が集まらない。そこで当局は兵役資格資産の額を思いっきり下げて兵を掻き集めた。それでもローマ軍は苦戦を強いられた。ローマ市民に当局弾劾の声が巻き起こる。そして前一〇七年、平民出身の叩き上げであるガイウス・マリウスが執政官に選ばれる。

ユグルタ戦役の総司令官となったマリウスは思うように兵が集まらないことに業を煮やし、思い切った軍制改革に着手する。すなわち兵役資格の撤廃である。これは兵制を徴兵制から志願兵制に切り替えることを意味する。志願兵といっても、たとえば一九三六年から始まったスペイン内戦のとき、フランコ将軍率いるファシスト軍に抵抗した人民戦線側に自分たちのイデオロギーを賭けて志願した国際義勇軍とは訳が違う。

マリウスの呼びかけに応じて志願したのは貨幣経済の嵐の中で農地を失ったり、失業に追いやられた連中が大半であった。つまりこの軍制改革は失業対策の一環でもあったのである。軍に志願すれば給料がもらえるのだ。こうして「ローマの軍役は、一人前の市民にとっての義務ではなく、職業に変わった」(『ローマ人の物語III』塩野七生)。

この軍制改革でたしかにローマの軍備増大は果たされた。一軍団は十大隊、三個中隊、二個百人隊、計歩兵六千が基本となった。しかし同時に軍団兵の質の低下が急速に訪れる。没落市民が戦利品や土地配分を求めて軍隊に殺到する。だが、軍団は常備軍ではなく戦争のたびに編制される。すなわち戦争が終了すれば兵士はたちまち失業となる。兵士たちは生計の道を軍団長の将軍にすがるしかない。将軍たちも莫大な借金をしながら兵たちを養う。こうなると各軍団は将軍たちの「私兵」と変わらなくなる。

この「私兵」をバックに将軍たちが群雄割拠する。ローマは内乱に突入し、カエサルが最後に勝利して帝政の道を開いた。

傭兵化の時代始まる

帝政確立は常備軍の成立を意味する。三十から三十五軍団。帝国は給料のほかに衣食住の保証と退職金制度を整備して兵の確保に努めた。しかし軍団だけでは広大な帝国領土防衛はとてもおぼつかない。そこで現在のフランス、オランダ、ベルギー、スイスを含むガリア、そしてブリテン島と西ヨーロッパいっぱいに広がった各属州から兵士が「援助兵」として掻き集められた。各地を転戦する軍団兵と違い、この援助兵は自分たちの生まれ育った属州防衛にあたるのだ。しかも二十五年軍務を勤め上げると、ローマ市民権を手にできるというおいしいおまけがついていた。ローマ市民権は世襲だから無事勤め上げた援助兵の子弟は立派なローマ市民となるわけである。それゆえ援助兵のなり手はいくらでもあった。かくして、兵士は在来ローマの本土イタリア半島出身以外のものが多数を占めるようになる。

ともあれ、こうした志願制のもと、兵士は職業軍人となり傭兵化の道を突き進む。これに拍車をかけたのが、二一二年カラカラ帝の打ち出した帝国内の全自由民にローマ市民権を与えるという政策である。これにより、属州民にとって軍隊に志願する魅力は半減したことになる。なにもきつい汚い危険な仕事をしなくともローマ市民となれるのだ。特に早くからローマ化されることでローマ文明の恩恵に浴していたガリア人はいまさら軍籍に身を置く気は消え失せてしまった。こうして帝国内の兵士の人的資源が枯渇していく。その結果、帝国外の夷狄《いてき》の民であるゲルマン人が傭兵としてローマ軍の重要な地位を占めるようになる。

このころ中央アジアから伝播された騎兵戦術が見直されてきた。騎兵に関しては長年、密集歩兵戦術に慣れ親しんできたローマ軍団よりもゲルマン民族のほうが数等、優れている。もっとも北アフリカに目を向ければ、ヌミディア人という戦闘的騎馬民族が勇名を馳せていた。しかし、そんな優秀な騎馬民族を雇うにはもちろん莫大な金がかかる。

当時、帝国経済は軍人皇帝時代の割拠主義による戦乱とスペインやカルパチア山脈（旧ソ連、ルーマニア、ポーランド、チェコ、スロバキア、ハンガリーにまたがる）の金山の枯渇のため、金本位から農地本位に切り替えざるを得なくなっていた。帝国は少しでも金が惜しい。ところがおあつらえ向きにゲルマン人は安い報酬でも喜んで傭兵稼業に飛び込んでくる。特にディオクレティアヌス帝の総計五十軍団という極端な軍備増強策以来、ゲルマン傭兵の数は飛躍的に増していった。

オドアケルの権力簒奪

要するに帝国は五賢帝を輩出し、パックス・ロマーナ（ローマによる平和）と謳われた三世紀までの全盛時代が過ぎ、もはや末期症状を呈してきたのだ。帝国版図があまりにも広がりすぎたのだ。

帝国はディオクレティアヌス帝の唱えた天下四分の策による分轄統治から三九五年の正

式な帝国東西分裂へと突き進んだ。帝国市民としてのアイデンティティーはとっくに失われた。

とりわけ、東西分裂以前の歴代皇帝が採ってきた東方重視政策のために帝国機構からほっとかれ、各ゲルマン部族の侵入にさらされていた西ローマ帝国版図では各地で実力者が勝手に皇帝を僭称《せんしよう》し、一説によると総計三十人の偽皇帝が現れたという。

軍隊はゲルマン人傭兵が幅を利かした。彼らは近衛連隊の要職を占めるようになる。ある専制支配体制が制度疲労を起こし、崩壊が迫ってくる。政権内部で熾烈《しれつ》な権力闘争が起き、支配者の周りは敵だらけで彼には頼るべき武力装置がない。そんなとき、彼は従来の支配機構の外側にいて蔑《さげす》まれていた武辺ものたちを身辺に侍《はべ》らせ、逆にますます専制的に振舞うようになる。そしてにわかに権力の内部に入り込んだこれら異人たちがいつしか獅子身中の虫になる。こういうことは歴史上よくあることである。

かくして、西ローマ帝国は近衛連隊司令官を勤めたゲルマン・スキリオ族の首長オドアケルにより四七六年、イタリア半島の支配権を奪われ、ついに滅亡する。

だがこの支配者交代は革命ではなかった。一種の宮廷クーデターと言ってもよい。事実、オドアケルは西ローマ帝国版図に対する東ローマ帝国の宗主権を認め、自身はその東ローマ皇帝により帝国西半分の総督に任じられた格好を採っている。これで机の上では古代ローマ帝国の機構は取り敢えず残存したことになる。

ところで、オドアケルのような旧支配機構の傭兵隊長による権力簒奪は、結局はその旧支配機構の最後のあだ花に終わるしかないのかもしれない。

例えば、日本でも九世紀ごろを境に古代律令軍団兵士制が崩れ、健児《こんでい》制が出来上がったが、これは「国家強権に支えられた税の一種であった徴兵制から、被傭者当人の意志によって雇われる傭兵制への転換」であった（『古代末期の傭兵と傭兵隊長』福田豊彦）。

やがて十一世紀、武士と呼ばれる戦闘集団を抱える私的政治集団が生まれ、その指導者が中央権力者の私的従者として仕え、傭兵隊長となっていく。その最大の者が古代末期に現れた特異な権力形態である院政政治に雇われた平清盛である。清盛は院という古代国家最後の専制権力者に雇われた傭兵隊長であった。つまり清盛とはあくまでも律令体制が産み落とした鬼っ子にすぎなかったのだ。だからこそ彼は「律令国家機構とは別箇に独自の権力組織を創造し得なかった」（『古代末期政治史序説』石母田正）のである。そして平氏政権は権力簒奪後、まもなく古代律令国家機構そのものを道連れに崩壊していった。

オドアケル政権もまたあっけなく崩壊する。古代は終焉を迎えた。マリウスの軍制改革に端を発した古代ローマ帝国軍事機構の傭兵化は帝国機構そのものを崩壊させ、少なくとも西ヨーロッパを混迷の中世にいざなったのである。

第三章　騎士の時代

傭兵団を合法化した
神聖ローマ帝国皇帝
フリードリッヒ一世

戦士階級の誕生

西ヨーロッパはしばらくは混迷を続ける。ゲルマンの各王朝が興っては滅亡する。そのうち現在のフランスを中心にメロヴィング朝が興り、それを承《う》けたカロリング朝が西ヨーロッパのほぼ全域を支配する。この偉業を成し遂げたカール大帝は八〇〇年、ローマ教皇レオ三世により戴冠を受け西ローマ皇帝を名乗り、ここに西ヨーロッパは東ローマ帝国（ビザンツ帝国）からの精神的桎梏《しっこく》を脱し、西ヨーロッパとしてのアイデンティティーを確立していくのである。

そしてこのメロヴィング朝、カロリング朝を通して、西ヨーロッパにある身分社会が形成されていく。

中世の詩人、フライダンクは歌った。

> 神は三つの身分をつくりたもうた。祈る人、戦う人、耕す人である。

この考え方は十世紀末頃にはかなり広まっていたと言われている。「祈る人」である聖職者はともかく、「戦う人」の身分固定化は戦争の様相が変化し、その結果、かなり兵農分離が進んだことを示している。

戦いは密集方陣のような大人数の歩兵ではなく、少数の騎兵で行われるようになった。古代ローマ帝国では知られていなかった馬の蹄鉄の普及で騎兵の機動力は格段に増し、馬を疾駆させせながら突き槍で相手を打ち倒す機動戦法が採られるようになってきた。この戦法は歩兵を蹴散らすのにはもちろん、細長いボートでどんな小さな川も上ってくるバイキングや、丈夫なポニーに乗って疾駆してくるハンガリー騎兵に対してもことのほか有効となった（『ヨーロッパ史と戦争』マイケル・ハワード）。

かくして今までの歩兵は投げ槍や剣を奪われ、代わりに犂《すき》・鍬《くわ》を与えられてもっぱら農業に従事させられるようになったのである。

つまりある集団が軍事のスペシャリストとなり戦士階級を形成し、耕す人である農民を支配する構図が出来上がってきたのだ。そして中世の武勲詩『ローランの歌』が「カール大帝御自身が優れた戦士であられる」と歌うように、この戦士集団の頂点には王が座った。例えば八六六年、フランス王シャルル禿頭王は軍の召集にあたって、家臣は必ず馬に乗って出頭するように厳命した。このとき召集させられた騎兵は単に馬に乗る兵ではなく、君主より領地を封土され、その御恩に対し「いざ、鎌倉」の際に君主の下に馬を駆って馳せ参じる騎士であった。

西ヨーロッパの多くは経済の基本を土地に置く封建社会に突入したのである。

そして封建正規軍の担い手である騎士たちは、もっぱら殺生を事とする自分たちの殺伐《さつばつ》とした職業を浄化するイデオロギーの確立に努めた。いわく、騎士とは「いたずらに剣を帯びているのではなく、神に仕えるものとして、悪を行う者に怒りをもって報いる」（『ローマの信徒への手紙』）ために神が創りたもうた祝福されたる身分である、と。騎士はキリスト教と教会に奉仕する「神の戦士」なのだ。こうして十字軍への熱狂を頂点に騎士文化が花開いていった。

アルバイトに励む騎士たち

こんな中世の「高潔で勇敢な有徳の」騎士を主人公にした、騎士文芸の精華『パルチヴァール』に次のようなくだりがある。

勇士は彼らの痛ましい苦境を聞くと今日でも騎士がよくやるように報酬と引き換えに奉仕をしようと申し出た。敵の攻撃を引き受けるのにいくらおだしになるつもりかと尋ねた。（加倉井粛之他訳）

主人公パルチヴァールの父で、アンジュー王の次男であるガハムレトの冒険譚《たん》の一節である。

田夫野人《でんぷやじん》の類《たぐい》ではない、王家の血を引く筋目も正しいれっきとした騎士ガハムレトが、邪悪なやつらのために危機に瀕した人々に対し、「報酬と引き換えに」助力を申し出たのである。つまり、用心棒になろうというのだ。しかもこれは「今日でも騎士がよくやるように」ごくありふれた話であったらしい。

事実、封建正規軍の騎士がアルバイトに傭兵騎士となることは別に珍しくはなかった。騎士が君主に仕える奉仕の最大のものは、言うまでもなく軍役であった。その軍役の内容は、君主と騎士の間で取り交わされた封臣契約に定められている。標準的なところで、騎士が自弁で軍役を果たす期間は年間四十日で、遠征地もどこそこまでと取り決められていた。

例えばドイツの場合、皇帝が戴冠のために行うローマ遠征を除いて、ドイツ以外の地に出陣する義務はなかった。それにたとえ、ドイツ国内であっても、やれ川岸まで、やれ騎馬で一日の行程のところまで、やれ州のなかまで、と細々とした制限が設けられていたのである。そしてこれらを超える出陣要請には当然、特別手当がついて回った。だとすれば、騎士が君主への軍役以外に傭兵稼業に精を出しても何の不思議もないことになる。

むろん、騎士がアルバイトに励むのにはそれなりの理由がある。騎士と言っても様々であった。とりわけ、ドイツの場合では上は王侯から下は「家士（ミニステリアーレ）」と呼ばれる不自由民から成り上がった者までピンからキリまである。

ミニステリアーレは言うなれば非貴族の騎士であった。彼らは十二世紀になると封土を与えられ、貴族である自由騎士とほとんど区別がつかなくなる。ところが、彼らはフランス、イギリスの家臣と違い、ある特定の君主に対する忠誠心が薄かった。つまり彼らは複数の君主と封臣契約を結ぶのである。なかには「皇帝を含めず四十四人の領主と契約していることが自慢」だったミニステリアーレもいたという（『中世ドイツの軍隊』クリストファ・グラヴェット）。

つまり、騎士が傭兵アルバイトに精を出すことへの心理的障害はなかったということである。そして、こうした多重契約を結ぶほどの実力のない騎士にはとにかく金がなかった。鎧、兜、剣、槍、盾と合計三十キロのおなじみのフル装備に身を固める騎士一人を養うのに、一説によると百五十ヘクタールの土地からの収入が必要だと言われていたのだ。騎士が金欠病に冒されても仕方がない。

騎士傭兵市場の成立

十一世紀にヨーロッパは経済大膨張を始める。そして十四世紀に中世最大の不況を迎えるまでヨーロッパ経済は拡大の一途をたどる。ドイツ、フランスの諸河川で砂金が取れだし、アルザス、シュヴァルツバルト、チロル、シュタイアーマルク、ハルツ山地で銀が産出され貨幣流通量が飛躍的に増大し、ヨーロッパは再び貨幣経済の嵐に見舞われるのである。

ところで、この経済膨張は戦争遂行能力を高めることになる。例えば、一三三九年、イギリス、フランスとの間で百年戦争が勃発する。そしてこれに追い討ちをかけるように、一三四八年から四九年にかけてペストが猛威を振るう。さらに凶作が続いた。戦争、疫病、飢餓は農業人口の減少を招き農民の生活を破壊する。こうしてヨーロッパは「十四世紀の危機」を迎えた。この中世最大の不況は小領主である騎士たちを直撃する。農業人口の減少による生産力の低下は領主収入の著しい減少となる。そして世は貨幣経済の真っ只中にある。騎士階級の経済的没落が始まったのである（『中世イタリア商人の世界』清水廣一郎）。

こうして騎士たちは、現金収入の道をひたすら求めた。そのうち、無償である君主への軍役は金銭で代納し、傭兵稼業でそれを上回る現金を稼ぐ騎士も現れた。

君主たちにしてみても、やたらと制約の多い封建騎士軍を使うよりも、彼らが軍役を逃れるために払う金で傭兵を雇ったほうが、はるかに手っ取り早く効率よい軍編制ができるのだった。そのため需要と供給のバランスが取れヨーロッパに騎士傭兵市場が出現する。

それではこれら傭兵騎士の市場は具体的にはどこにあったのか。

身近なところではいわゆる私闘（フェーデ）である。私闘とは、強大な公権力が不在のままに推移した中世で盛んに行われた法廷外での係争処理制度である。つまり、古来の法観念によれば「自己の権利を侵害された者は血縁者や友人の助けを借りて自ら措置を講ずることができた」のである（『西欧中世史事典』ハンス・K・シュルツェ）。

ところが、こうした権利は常に拡大解釈されるものだ。はたしてそれが正当な権利行使なのか、それともまったくの私利私欲による暴力行為なのかを峻別《しゅんべつ》することはきわめて困難となる。ともあれ、衆を頼むのに越したことはない。そこで助っ人と称して騎士が報酬を目当てに係争地に集まる。

ちょっとこれとは質が違うが、告発人と被告人が決闘で裁判の黒白をつける決闘裁判というのがある。イギリスではなんと、一八一九年まで合法とされていたこの決闘裁判ですら代理人を雇うことが多く見られた（『決闘裁判』山内進）。これも傭兵の一種と言っていいかもしれない。

騎士たちは自力救済の武力衝突に群がっていった。そしてどう見ても取るに足らない些《さ》細《さい》な理由でいちゃもんをつけ、私闘権から由来する権利と称して都市や村落を略奪する騎士が続々と現れた。騎士たちのこの強盗まがいの行動に対して、ドイツでは皇帝がたびたびラント・フリーデ（平和令）を発布する。これは平和令というよりか治安条例で、こんなものが数次にわたって出されるということは、いかに私闘権に発する乱暴狼藉《ろうぜき》が後を絶たなかったかの証左である。

わが鎌倉武士の場合でも「夜討・強盗・山賊・海賊は世の常のことなり」、「野に伏し、山に蔵《かく》れて、山賊・海賊することは、侍の習いなり」とあったのだから（『鎌倉遺文』）、洋の東西を問わず、封建正規軍騎士とはだいたいがこんなところだったのだろう。

ともあれ、これら不逞《ふてい》の騎士連中はそのうち徒党を組むようになり、強盗騎士団を結成し、傭兵騎士団となっていった。むろん、戦闘は騎兵だけでできるわけがないから、この傭兵団に多くの歩兵も混じっていたことは言うまでもない。

そしてこれら傭兵騎士団の稼ぎ場は至るところにあった。

ドイツの場合はイタリアである。当時、ドイツは「神聖ローマ帝国」と名乗っていた。つまり、ドイツはカール大帝が開いた復活西ローマ帝国の正嫡の後継国家であるというわけである。だとすれば、北イタリアは当然、わが領地なり、とドイツの歴代皇帝はイタリア侵略を繰り返していた。

その歴代ドイツ皇帝の中でも多くの逸話を残し、後に神格化されたドイツ皇帝フリードリッヒ一世バロバロッサ（赤髭王）は、一一六四年と一一七四年の二度にわたってイタリアに侵入した。このとき帝の軍勢は傭兵団が主力であった。大急ぎで軍を編制しなければならないときに、帝の臣下であるドイツ諸侯は定められた出陣義務を楯になかなか腰をあげようとはしなかった。そこで帝は封建正規軍の代わりに、フランドル地方やブラバント地方の出身者でなる傭兵部隊「ブラバント団」を投入することを決めたのだ。すなわち帝は、封建軍事機構の枠から外れた傭兵団の存在を合法化したと言ってもよい。そしてこれ以降、フリードリッヒ一世バロバロッサ、ハインリッヒ六世と皇帝の直属部隊は大部分が傭兵となる。

悪名とどろく傭兵騎士団

こうしてブラバント団以外にもスペインのピレネー山脈一帯の出身者でなるアラゴン団、バスク団、ナヴァアラ団らの傭兵団が跳梁《ちょうりょう》を極めるようになる。いずれも強欲で悪名を馳せるが、なかでもブラバント団はその残忍性で憎悪と恐怖の的となっていた。それよりもなによりも、これら傭兵団の出現によって「古い秩序と特権階級、貴族階級が脅かされる危険」が露わになったのだ。そのため、一一七九年のラテラノ公会議では傭兵団を使って戦争を行う者は破門に付すという決定がなされたぐらいであった(『ドイツ傭兵〈ランツクネヒト〉の文化史』ラインハルト・バウマン〈邦訳なし〉)。

さらに一二一五年、イギリスではイギリス王直参家臣団が欠地王ジョンに対して「大憲章（マグナ・カルタ）」の承認を迫ったが、この大憲章には「王国の不名誉たるべき、外国人騎士、弩《いしゆみ》射手、傭兵」（傍点筆者）の即時追放を規定した一条が入っている。そして同年、ローマ教皇イノケンチウス三世はこれら恐るべき傭兵団に対する十字軍を呼びかけ、破門という教皇の伝家の宝刀をちらつかせるのである。

しかし破門の脅しなどは、傭兵騎士団（むろん、歩兵も混じっていた）には何の効き目もない。それどころか当のローマ教皇自らが傭兵団の稼ぎ場を提供してくれたのである。

十一世紀に始まる十字軍である。

とりわけ十字軍熱に侵されたフランスは大量の騎士を聖地に送り込む。なにしろ、現金収入を求めて私闘に明け暮れ、遂には強盗まがいの行為をしでかしていた騎士たちを、十字軍は「神の戦士」として迎え入れてくれるのだ。こうしてキリスト教社会は、傭兵としての稼ぎ場がなくなったとたんに強盗に豹変する「この最も厄介な分子を瀉血するように（十字軍として）圏外に出すことによって、フェーデ（私闘）で窒息して死滅することから免れたのである」（『封建社会』マルク・ブロック）。

しかしその十字軍も十三世紀末に終了すると、あり余る戦力は行き場を失う。間もなく勃発するフランス、イギリスの百年戦争もまさか百年間のべつ幕なしに行われていたわけではない。数次の戦いのたびに傭兵が駆り集められ、また解雇される。これの繰り返しであった。失業を恐れる傭兵団は職を求めてヨーロッパじゅうをさまよい歩く。むろん行き先々で行きがけの駄賃とばかりに、村落や都市を荒らしまわったことは言うまでもない。

そして遂に彼らは金脈を見つけた。中央権力の徹底した空洞化により諸都市が分裂抗争を繰り返していたヨーロッパの係争銀座、十四世紀イタリアである。

第四章　イタリア・ルネッサンスの華、傭兵隊長

ミラノ公爵になった傭兵隊長、フランチェスカ・スフォルツァ（ブレラ美術館蔵）（写真＝WPS）

一国の命運を握る傭兵隊長

イタリア半島は西ローマ帝国滅亡から一貫して中央権力不在のまま、時が流れていった。そして中世盛期を迎えるとだいたい三つの地方に分かれる。まず、カール大帝の復活西ローマ帝国（フランク王国）の版図に組み入れられ、その後、諸都市国家が群雄割拠した北イタリア（中部イタリアも一部含まれる）。下って、ローマ教皇領を中心とするローマーニャ地方。それに、シチリアを含む南イタリア地方である。

ここで傭兵の話を進めるからには、まずは南イタリアから始めなければならない。すなわち、一一三〇年に南イタリア王朝であるナポリ・シチリア両王国を開いたのは、ある傭兵隊長一族の末裔だったのである。

南イタリアは西ローマ帝国滅亡後、その後のゲルマン諸王国と東ローマ帝国（ビザンツ帝国）、さらには地中海に張り出してきたイスラム勢力が互いに鎬《しのぎ》を削り、その結果モザイク状の小国分立時代を迎えた。そして、シチリアは北アフリカを席巻《せっけん》したイスラムの手に落ちた。このようにラテン、ビザンツ、イスラムの三つの文化圏がせめぎあっていた南イタリアを統一したのがオートヴィル王朝である。

この王朝の出自は北フランスのノルマンジー地方にあった。

ノルマンジーといえば第二次世界大戦で、連合軍が二百万近い将兵を上陸させ、迎え撃つドイツ軍を潰走させ、大戦の行方を決めた『史上最大の作戦』で有名な土地である。

　これより約千年前、スカンジナビアとデンマークを原住地とするノルマン人バイキングがヨーロッパじゅうを略奪して回っていたが、そのうちデンマーク系ノルマン人はキリスト教に改宗した後、ここ北フランスにノルマンジー公国を樹立した。後のイギリス・ノルマン王朝発祥の公国である。

　ところが十一世紀、ノルマンジー公国は急激な人口増大に見舞われ、土地を相続できない若者であふれ返ることになる。つまり、冶金技術の発展による鉄製の犂の普及、その犂を牛馬に引かせる繋駕法の導入、さらには耕地を春畑、秋畑、休耕地と分ける三圃《さんぽ》農法の一般化による「中世の農業革命」がここノルマンジーにも押し寄せたのである。生産力の増加は人口増加を促し、それが結果的に余剰人口となる。土地を相続できない若者たちは祖先の血に倣《なら》ってヨーロッパじゅうに散らばるしかない。そのなかである集団は南イタリアに向かった。

　伝説によると、改宗間もないノルマン人の熱心なローマ巡礼団が、その途次、たまたま抗争を繰り返していた南イタリアの一勢力に荷担したことから、ノルマン人の出稼ぎ傭兵が始まったと言われている。ともあれ、傭兵稼業で財を成した同郷人の噂が、仕事もなくノルマンジーの草深い田舎をうろつきまわるしかなかった若者たちの耳に頻々《ひんぴん》と入ってきた。彼らは稼ぎ場を求めて大挙して南イタリアを目指した（『中世シチリア王国』高山博）。ノルマンジーのとある寒村、オートヴィル・ラ・ギシャールの若者たちもその例に洩れなかった。そしてこの寒村のある一族の者が南イタリアで傭兵隊長として累進を重ね、伯爵の地位まで昇り詰め、さらに公爵となる。そしてイスラム勢力のシチリアを征服し、当時のローマ教皇庁の分裂につけこんで、ついにはナポリの王冠まで手にしてしまうのである。ナポリ・シチリア両王国の成立である。こうして「ノルマン人のイングランド征服」と並び称される「ノルマン人の南イタリア征服」は完成する。

このオートヴィル家の国盗り物語の詳しいいきさつはともかく、ここでは傭兵隊長あがりが新王国を建設したことを記憶にとどめるだけでよいだろう。これはいかにもイタリアらしいのである。

さてその後、オートヴィル王朝は正嫡の男子に恵まれず、同王朝のプリンセスを后として迎えていた神聖ローマ皇帝（ドイツ王）ハインリッヒ六世のホーエンシュタウフェン家のものとなる。これが一一九四年。

そしてナポリ・シチリア両王国は、「玉座に座った最初の近代人」（『イタリア・ルネッサンスの文化』ブルクハルト）で稀代のニヒリスト、フリードリッヒ二世のときに最後の輝きを見せるが、神聖ローマ皇帝ともなったフリードリッヒ二世の死後、ややあって玉座はホーエンシュタウフェン家の手を離れ、フランス王弟アンジュー伯シャルルの手に落ちる。もちろん、イタリアの複雑な政治情勢とフランス、ドイツ、スペインの介入、ローマ教皇の思惑が折り重なっての結果である。

ところが、アンジュー伯シャルルはシチリアで圧制を敷き、「シチリアの晩鐘」と呼ばれる叛乱を招き、シチリア王位をスペインのアラゴン王家に奪われてしまう。残されたナポリ王国も女王ジョヴァンナ二世のとき、相続争いが起きる。

女王はこのとき凄腕《すごうで》の傭兵隊長にアンジュー家の運命を預けた。ところがその傭兵隊長アッテンドロ・スフォルツァは女王を裏切った。女王は万やむを得ず、シチリア王のアルフォンス五世を養子に迎える形で、ナポリ王国をスペイン・アラゴン家に譲ることになる。

これでシチリア・ナポリ両王国が復活したことになるが、それは一傭兵隊長が仕掛けた技《わざ》によるものであったと言ってもよい。少なくとも十四世紀から十五世紀にかけてのイタリア・ルネッサンスは、一介の傭兵隊長が一国の命運を握るようないわば下克上のような状態にあったのである。

イタリア半島はミラノ公国、ヴェネチア共和国、フィレンツェ共和国、ローマ教皇領、シチリア・ナポリ両王国の五大勢力が拮抗《きっこう》し、その間隙を縫って至るところで小勢力が自らの主権を勝手に樹立させ、麻のごとく乱れる時代に突入した。

国葬にされた傭兵隊長

ドナテロの『ガッタメラータ騎馬像』、ヴェロッキオの『コレオーニ騎馬像』、ウッチェロの『ジョン・ホークウッドの騎馬像』、アンドレア・デル・カスターニョの『ニッコロ・ダ・トレンティノ騎馬像』、バロンチェリの『ニッコロ・デ・エステ騎馬像』（消失）、レオナルドの『フランチェスコ・スフォルツァ騎馬像』（未完）。

いずれも十五世紀イタリアで製作された傭兵隊長の騎馬像である。すなわち、「十五世紀イタリアが同時代人に捧げた重要な芸術的記念碑は傭兵隊長へのオマージュだった」（『ルネッサンス夜話』高階秀爾）。他に騎馬像ではないが、ピエロ・デラ・フランチェスカの『横顔のウルビーノ公』も有名である。この「イタリアの光」と謳われたウルビーノ公、フェデリコ・ダ・モンテフェルトロも実は傭兵隊長上がりの公爵であった。

これら騎馬像に飾られた傭兵隊長のうち、ジョン・ホークウッドはその名前が示す通り、イギリス人である。

イタリア・ルネッサンスの傭兵隊長には二つのタイプがある。ホークウッドに代表される外国人傭兵隊長、そしてフランチェスコ・スフォルツァを典型とするイタリア人傭兵隊長である。前者は「人が幸福になるところ、そこに祖国あり」（キケロ）を合言葉に、金の匂いをかぎつけ諸国を流れるいかにも傭兵隊長らしい放浪型で、後者は小なりといえども自分の領地を持つ定着型である。

外国人傭兵隊長には、ホークウッドの他にはドイツ人のヴェルナー・フォン・ウルスリンゲン、コンラート・フォン・ランダウ、アルベルト・シュテッツエル、ボンガルデンらがいる。いずれも悪辣《あくらつ》非道で名を成した。ウルスリンゲンは「神の敵、哀れみと慈悲の仇」と、まさに神をも恐れぬ言葉を自分の甲冑にこれ見よがしに刻み込むような男だった。ボンガルデンとシュテッツエルは都市国家シェナを攻め、たまりかねた同市から約七千五百ゴールドグルデンをまんまとせしめている。

もちろん、イギリスの裕福な商人の息子に生まれながら、身持ちの悪さが災いし、祖国を離れフランスに流れた後、イタリアに姿を表したホークウッドも金の亡者振りでは負けてはいない。そのことを示す次のようなエピソードが残っている。

ある二人の修道士が「神が貴方に平和を送らんことを！」と恭《うやうや》しく挨拶すると、ホークウッドはこう答えた。「神がお前たちの生きる糧《かて》である施し物をおとり上げになり、お前たちがくたばらんことを！　この間抜けども、神が平和を与えたもうたら、私は干上がってしまうということがわからんのか！」

しかしホークウッドは莫大な財を成し、運良くベッドの上で死ぬことができた。彼の主な雇い主であったフィレンツェは彼を国葬に付するにふさわしいとみなして、サンタ・マリア・デル・フィオレ教会に亡き勇者の騎馬像を建てたのである。

都市国家の伸張と傭兵依存の関係

ところで都市国家フィレンツェが軍事力を傭兵に依存しだしたのは十三世紀末である。それまでは貴族政治を打倒した市民たちの愛郷心に支えられた、都市防衛を旨とする市民皆兵の民兵歩兵軍が主力であった。ところが毛織物を中心に経済が大成長を遂げると、富裕市民と小市民の経済的格差が生じ、富裕層の国政寡占状態が進む。加えてシエナやピサを始めとする近隣諸都市への侵略戦争が相次ぎ、市民に厭戦気分が浸透する。なにしろこれら戦争の大半の理由は富裕商人の抱える商品の販路拡張にあったのだ。つまり大商人のための戦争であった。小市民たちは兵役を忌避し、富裕市民に対してなにやら不穏な動きを見せ始める。むろん富裕市民たちも経済活動に忙しく、兵役を嫌がる。そこで金で何とか片をつけようとする。そこで兵役免除税が設置される。そして何よりも民兵歩兵は甲冑に身を固めた戦闘のプロ集団である騎兵の前にはてんで歯が立たなくなってきた。こうしてフィレンツェの国政を握る富裕市民層は、兵役免除税で集まる金で国内の治安維持を兼ねてフランス、スペイン、ドイツから流れてきた傭兵騎士団を軍事力として雇い始めるのである。

つまり経済が膨張し国力が増すと、地域愛郷心に支えられていた市民皆兵制度が崩れ、傭兵が軍事力の主力となる、という共和制都市国家の歩む道をフィレンツェもまた進んでいったというわけである。

ヴェネチアもまたそうであった。海洋貿易で頭角をあらわしたヴェネチアは当然、海軍が主力であった。事実、十三世紀までのヴェネチアの戦争はもっぱら海戦であった。戦艦に乗るのはヴェネチア市民に限られていた。ところが国力増強とともにヴェネチアは内陸に目を向ける。ヴェネチアは、「内陸部で企てを起こす以前は貴族も下層階級も、みな武装して勇猛果敢に戦った。ところが、内陸部で戦いを仕掛けるようになってからは、勇猛な気性を忘れてしまい、イタリアの戦争の常道を歩むこととなった」(『君主論』マキャヴェリ)。

ここでマキャヴェリが言う「イタリアの戦争の常道」とは、戦争を傭兵隊長に委《ゆだ》ねることである。これがイタリア・ルネッサンスの傭兵隊長時代である。

傭兵隊長からミラノ公爵へ

神聖ローマ皇帝(ドイツ王)フリードリッヒ三世に仕えたこともある人文主義者アエネアス・シルヴィウス・ピッコロミーニ、後のローマ教皇ピウス二世はこの傭兵隊長時代を次のように喝破《かっぱ》している。

何ひとつ安定しておらず、これほど変化を好むわがイタリアでは、奴隷でさえ難なく王になる。(大高順雄訳)

つまり下克上の世なのだ。それはイタリア・ルネッサンスの梟雄《きょうゆう》フランチェスコ・スフォルツァに代表される。

フランチェスコ・スフォルツァはナポリ王国の相続争いの際、フランス・アンジュー家を裏切り、スペイン・アラゴン王家によるシチリア・ナポリ両王国の復活に一役買ったあの傭兵隊長アッテンドロ・スフォルツァの庶子であった。

父スフォルツァも、もとをただせばローマーニャ地方のしがない農家の息子にしか過ぎなかった。それが一代でスフォルツァ家をブラッキオ家と並ぶ定着型イタリア人傭兵隊の二大勢力へと押し上げたのである。ちなみにスフォルツァとは異名で「威服させる、占領する」という意味がある。

子スフォルツァも父に劣らずやり手であった。彼は北イタリアの強国ミラノ公国を統治するヴィスコンティ家の傭兵隊長として辣腕《らつわん》を振るった。それは雇い主ヴィスコンティ家のためではない。いつしか自身が主権者にのし上がるためのものであった。それゆえ、ミラノ公国の敵であるヴェネチア、フィレンツェとも平気でよしみを通じた。ローマ教皇にもかしこまるどころか、逆に脅したりすかしたりして自身の利益を引き出した。対ヴェネチア戦中にヴィスコンティ家の最後のミラノ公爵フィリッポ・マリーアが他界すると、その庶腹《しょふく》の娘の婿に納まっていたスフォルツァは敵国ヴェネチアに内通し、しかもそのヴェネチアを出し抜き、フィレンツェの後押しでまんまとミラノ公爵に即位してしまったのである。

このスフォルツァの他にも傭兵隊長上がりの公爵がいる。肖像画『横顔のウルビーノ公』で有名なフェデリコ・ダ・モンテフェルトロである。しかし彼はもともとウルビーノ公家の庶子であったのである。確かにそのため、傭兵隊長として腕を磨き、長い雌伏《しふく》に耐えたことだろうが、彼のウルビーノ公家の相続自体は、スフォルツァとは違い公爵家簒奪とは言い難い。

いかに下克上の世とはいえ、そう簡単に奴隷の身分が王になれるわけではない。スフォルツァは特例であった。

しかし野心家たちは一人の成功者の姿に己の夢を見る。スフォルツァに続け！　と。むろん、主権者たちはこれを全力で阻《はば》もうとする。そして主権者に成り上がったスフォルツァ自身がスフォルツァは俺一人でたくさんである、と自分の後を狙う傭兵隊長たちを徹底的に叩き潰して回った。つまり、傭兵隊長も安穏《あんのん》と逸楽と略奪にふけっているわけにはいかなかったのである。

傭兵たちの八百長戦

次のような逸話が残っている。どうやら都市国家シェナでの話らしい。

シェナは敵に包囲されていた。市は一人の傭兵隊長と契約した。彼は勇猛果敢に戦い、ついに敵を敗走させることに成功した。市民は傭兵隊長のこの勲功にどう報いてよいか鳩首協議を重ねた。なにしろ彼の功績は、たとえ彼に市の主権を授けたとしてもそれでも釣り合いが取れないほどあまりにも偉大に過ぎるのだ。良案が出ぬまま時が過ぎた。すると一人の市民が立ち上がって、「彼を殺し、その上で彼を市の聖者として崇《あが》めようではないか」と言った。市民はほっとしてこの提案に賛成した（『イタリア・ルネッサンスの文化』ブルクハルト）。

なにやらカフカの小説にでも出てくるような話である。

確かに、傭兵隊長ロベルト・マラテスタは教皇シクトゥス四世に勝利をプレゼントしたその直後に謀殺された。一方、十九世紀イタリアの国民作家マンゾーニの『カルマニョーラ伯』のモデルである悲劇の傭兵隊長フランチェスコ・プッソーネ・カルマニョーラは、雇い主ヴェネチア政府に日和見的態度を疑われ処刑された。

傭兵隊長とは戦功を挙げれば危険視され、武運拙《つたな》ければ直ちに切り捨てられるのだ。一見、華やかにも見える傭兵隊長たちが立っているところはさらさらと崩れ落ちる砂山のようだった。

そこで傭兵隊長たちは考える。

何事もほどほどにすることである。つまり、勝たないこと、そして負けないことがなによりも肝要となる。傭兵隊の契約期間は普通、第一の確定期間と第二の予定期間の合わせて六ヵ月が相場である。あまり早く決着をつけると第一の確定期間で契約が打ち切られてしまう。そこで相対する傭兵隊長は互いに示し合わせて戦いをいたずらに長引かせる。これが「密集隊形を組まず、散開して戦線に突入してくるイタリア人の攻撃(中略)。このイタリア式攻撃方法に対して、小競《こぜ》り合《あ》いという名前が付けられている」とマキャヴェリが痛《つう》罵《ば》したイタリア・ルネッサンス版戦争ゲームであった(『ディスコルシ』)。

「わが魂よりもわが祖国を愛す」と言い切った当時としては稀有《けう》なナショナリスト、マキャヴェリは、この「八百長戦」に現《うつつ》を抜かす傭兵隊長たちの跳梁跋扈《ちょうりょうばっこ》こそが祖国イタリアを四分五裂させる元凶と見なして、自著『君主論』、『ディスコルシ』のなかで彼ら傭兵隊長を徹底的に槍玉に挙げている。

やれ、傭兵隊長どもが、古代ローマ帝国軍の輝かしき先例を無視して、いたずらに歩兵部隊をないがしろにしているのは、奴らが領地を持たないので、多数の歩兵を雇えず、少数の騎兵で済ませようとするしみったれ根性からきているのだ。やれ、最近二十四年間の戦争で命を落とした者の数は、古代の十年間での戦争指揮官のそれをはるかに下回っている。なかには戦死者が落馬による一名という戦いもあるくらいだ。こんなふうに奴らはただひたすら戦いを長引かせる「無血戦争」をしているだけだ……と、ともかくメッタ切りである。

いかにも「八百長戦」に見える「イタリアの戦争の常道」が傭兵隊長たちの個人的資質に由来しているのか、それとも当時の社会的経済的状況がそうさせたのかはともかく、それにしてもマキャヴェリの論旨はやや極論に過ぎる。例えば落馬による戦死者一人の戦争も、そんなことはなかったと後世の史家は実証的に反駁《はんばく》している。

戦争は重装騎兵が主力であったが、まさか騎兵だけでは戦争はできない。歩兵も戦争に参加している。その数は騎兵の数倍であったと言われている。それに騎兵を一騎と数えても、その一騎のなかには騎兵の他に盾持ち一人、従者一人がついている。それに食料や武器を運ぶ者たちがいる。マキャヴェリはこれら下級要員のことを一顧だにしていない。つまり、マキャヴェリが伝えている戦死者数がたとえ正確だったとしても、そこには歩兵を始めとする下級要員の累々《るいるい》たる死骸は一切、数えられていないのである。

日本の古代末期、傲岸不遜《ごうがんふそん》に発言された「平家にあらずんば人にあらず」という言葉の「人」とは、昇殿を許された殿上「人」のことをさしていた。つまり、京の町で生活する地下人《じげにん》はそもそも「人」ではなかったのだ。これと同じように歩兵や荷運び、馬引きなどの地べたを這いつくばる連中はマキャヴェリにしてみれば、戦死者の数にも入らない「人」以下の存在だったというわけである。

これら「人」以下の連中とは、経済成長著しい北イタリア諸都市に遅れをとった教皇領ローマーニャ地方とナポリ・シチリア両王国の食い詰め職人や逃散《ちょうさん》農民がほとんどだった。彼らはびっくりするぐらいの安い手当てで傭兵隊長にこき使われていた。

常備軍的傭兵部隊

ところで、十五世紀に入ってくると傭兵隊長もイタリア人がほとんどとなり、質が変わってきた。すなわち金の匂いに引きずられイタリアじゅうをうろつき回るいかにも傭兵らしい放浪型から小なりとも自分の領地を持つ定着型への変換である。

まず、フェラーラ公、マントヴァ公、ウルビーノ公らの小君主が自分たちの宮廷費維持のために傭兵隊長稼業に乗り出し二足の草鞋《わらじ》をはくようになった。そして、ミラノ公国を簒奪したフランチェスコ・スフォルツァに比べれば月とスッポンだが、いく人かの傭兵隊長たちは強力な中央権力不在のために、ほとんど空家同然となっていた教皇領ローマーニャ地方の都市や村に乗り込み勝手に主権者を僭称するようになってきた。これら小君主と小僭主たちが、それぞれの強力な都市国家に傭兵隊長として仕えるようになったのである。

この放浪型から定着型への転換は常備軍的傭兵部隊の成立を意味している。とりわけ金次第でどちらにも転ぶ傭兵隊長の本質を知り尽くしていたミラノ公スフォルツァ家は傭兵隊長を金ではなく土地で縛りつけようと、傭兵隊長に土地を与え常備軍化の道を進んだ。

ヴェネチアもまた傭兵隊長の定着率を図るために、報酬は安いが契約期間をできるだけ長くすることにつとめた。契約相手は小君主、小僭主が主で、彼らの領国をヴェネチアのいわば衛星国に仕立てようとしたのである。

これに対してフィレンツェは、相変わらず傭兵隊を本来の姿に留めておく姿勢をとりつづけた。いかにも商人国家らしく算盤《そろばん》をはじき必要なときだけ、傭兵を雇うというわけである。

戦争を変えたスイス長槍部隊

しかし非常備軍的傭兵部隊であれ、常備軍的傭兵部隊であれ、十五世紀末になるとイタリアの傭兵部隊の利用価値が急速に下がっていった。

まずはなんといっても傭兵の値段が急騰したことにある。盾持ち、従者、馬を含めた騎兵一騎の金が十三世紀末から十五世紀半ばにかけて十倍以上にも値上がったのである。そのくせ傭兵隊長は八百長まがいの戦いに終始している。これではおよそ算盤に合わない。こうして、「平和なときには市民たちを丸裸にし、戦争になれば敵に丸裸にされる」(『君主論』)というマキャヴェリの痛烈な皮肉通りにイタリアの傭兵部隊の軍事的価値は暴落した。

そして雇い主たちが、否、雇い主も傭兵隊長もない、イタリア中全体がイタリアの傭兵部隊は戦力として当てにならないことを痛切に知らされたのは、一四九四年の秋のことであった。

このときジョン・ホークウッドはもちろん、コレオーニ、フェデリコ・ダ・モンテフェルトロ、そしてかのミラノ公国簒奪者フランチェスコ・スフォルツァらのイタリア・ルネッサンスを華麗に彩《いろど》った傭兵隊長たちはすでにこの世にはいなかった。生き残っている傭兵隊長たちは一様に小粒となっていた。

その代わりと言ってはなんだが、ローマ教皇にはボルジア家の秘薬(毒薬)で知られる稀代の悪僧アレッサンドロ六世が収まり、イタリアはルネッサンスの蕩児《とうじ》たちが近代的自我の翳《かげ》りなどひとかけらも見せずに、ひたすら凶暴なエネルギーの赴くままに陰謀、暗殺、裏切り、姦通を繰り返す、成熟の果ての袋小路に陥《おちい》っていた。

そんなときである。イタリア人はいままで聞いたことも見たこともない大軍の侵攻に遭い、身も凍りつくほどの恐怖に襲われるのだ。

それは総勢九万の大軍であった。主力を成すのは、一騎打ちという戦いの美学をとことんまで追い求め、自らの立ち居振舞い礼儀作法、生活様式を典礼の美に高めたかに見えたフランス騎士軍であった。これら一糸乱れぬ大軍を率いるのは、中世騎士物語の説く有徳の騎士にわが身をなぞらえるフランス王シャルル八世である。

このシャルル八世によるフランス軍のイタリア侵攻をもって、これから約半世紀続く「イタリア戦役」が始まり、ヨーロッパは近代の胎動を迎えた。

シャルル八世のイタリア侵攻の大義名分はナポリ王国継承権の主張である。アラゴン家のナポリ王フェランテの死後、シャルル八世はナポリ王位をアンジュー家に取り戻すべく、新王認証の権利を持つローマ教皇に恫喝《どうかつ》を加えたというわけである。

しかし最初はフランスの大軍になすすべを知らなかったイタリア人はさすがに二千年の都人《みやこびと》である。

教皇アレッサンドロ六世は、アルプスの北の文化果つる地からやってきた騎士物語にいかれたこの田舎者を阿諛《あゆ》追従《ついしょう》、面従腹背、誉め殺しでなんとか穏便にお引取り願うことに成功した。

だがしかし、このフランス軍には間違いなくイタリア人を心の底から縮み上がらせたものがあった。それは華麗なフランス騎兵軍ではない。また馬十二頭でやっと運ぶことができる真鍮製の大砲でもない。大砲はやたらと金がかかりそうで、操作も難しく、砲兵の確保が困難で、それでいて戦術的に思ったほどの効果は見込めそうもない、とマキャヴェリを始めとしてイタリア人は火器にそれほど興味を示さなかった。

スイス長槍部隊

イタリア人を恐怖に陥《おとしい》れたのはフランス軍に混じる多数の傭兵、とりわけ歩兵の中核をなすスイスの長槍部隊であった。

笛や太鼓に合わせてうっとうしげにリズムをとる行進の歩調、原始的で不合理な習慣、勇猛さと隣り合わせとなっているその残忍さ、恐ろしい戦いの雄叫び。どれ一つとっても、彼らスイス兵はイタリア人には言葉もしぐさもまったく通じない別世界の異人に見えたのである（『ドイツ傭兵〈ランツクネヒト〉の文化史』)。

時代が切り裂かれる激動期は、どこでも同じような事が起きるのかもしれない。わが日本でも、一四六七年、将軍足利義政の相続争いに端を発する応仁の乱が勃発し、まさに戦国時代の火蓋《ひぶた》が切って落とされたのだが、このとき大量の傭兵歩兵軍が発生している。近在の村々から掻き集められたこれら足軽傭兵は、馬切衛門五郎とか骨皮道賢とか見るからにやくざっぽい異名を持つ足軽大将(傭兵隊長)に率いられ京の都で略奪をほしいままにし、殿上人を恐怖のどん底に陥れている(『中世戦場の略奪と傭兵』藤木久志)。

ともあれ、一四九四年のシャルル八世のイタリア侵攻によりヨーロッパは近代の胎動を迎えた。フランス軍には近代の軍隊と同じように不完全ながらも騎兵、歩兵、砲兵の三兵の揃い踏みが見られた。

とりわけスイス傭兵部隊を主力とする歩兵の台頭が目を引いた。すなわちイタリアが騎兵による「芸術品としての戦争」ゲームに現を抜かしている頃、アルプスの北では歩兵の密集方陣が戦いの趨勢《すうせい》を決するようになっていたのである。そしてこれらおびただしい数の歩兵軍はスイス以外にもスペイン、ドイツなどの各国から掻き集められた傭兵で成り立っていた。

第五章　血の輸出

スイス誓約同盟と十年間の傭兵契約を結んだルイ十二世

騎兵軍の大敗

一三〇二年七月十一日の夕暮れ、コルトレイクの戦いが終わった。コルトレイク。フランス語でクールトレー。現ベルギー西部にある都市で、当時はフランドル伯領の自治都市であった。

フランドル伯領は、フランス王家と神聖ローマ皇帝（ドイツ国王）両者より封土を受けた領地から成っていた。こんな二股膏薬《ふたまたこうやく》も同地がフランス、ドイツの中心から見て辺境にあったことから許されたのだろう。しかし十一世紀からのヨーロッパの驚異的な経済成長とともに、フランドル伯領は毛織物産業を背景にいつのまにかヨーロッパ経済の中心となっていた。こうなると、ドイツ、フランスもこの金のなる木を放ってはおかなくなる。とりわけフランスはフィリップ美王がフランドル伯領をフランス王国に併合する姿勢を露《あらわ》にし、精強の胸甲騎兵軍を派遣した。

これに対して迎え撃つフランドル軍は、コルトレイク市前の平原に約六百メートルに連なる歩兵密集方陣を敷いた。フランス騎兵軍はこの人間の壁めがけて突進した。しかしそれはまさしく壁であった。槍や斧槍で武装した市民、否、市民だけではなく、伯爵も騎士も馬から下りてこの密集方陣に加わり、貴族、騎士、商人、職人が肩を寄せ合って敵の猛攻を防いだのである。フランドル歩兵軍は、フランス胸甲騎兵軍を完膚《かんぷ》なきまでに打ちのめした。

戦利品の中にフランス騎兵の七百にも及ぶ金メッキの拍車があったことで、「拍車の戦い」とも呼ばれるこの激戦はヨーロッパ軍事史上の大きな分水嶺となった。これ以降、ヨーロッパの戦闘の帰趨《きすう》は歩兵によって決せられることになったのである。

重装騎兵の軍事的価値の低下は英仏百年戦争前半のハイライト、クレシーの戦い（一三四六年）でもはっきりと示された。フランス王フィリップ六世は、満を持してフランス北西部クレシーに駒を進めた。対するにイギリス王エドワード三世は、五千の長弓隊を配備してフランス重装騎兵軍をてぐすね引いて待っていた。長弓はいわば新兵器である。それまでの飛び道具の代表格である弩《いしゆみ》の太矢ほどの殺傷力はなかったが、発射速度は弩の六倍もあった。そしてその軍事効果はすでにスコットランド軍相手に実証済みであった。果たして、フランス騎兵はこの長弓隊に散々な目に合った。いたずらに軍備エスカレーションを進めたおかげで、総計三十キロに及ぶ重量で馬を駆る重装騎兵から騎兵の騎兵たる最大の価値である機動力が失われていたのだ。

まさに戦場は古代ローマ軍以来の歩兵ルネッサンスの時代となった。そしてこのことをより鮮明な形で表したのは、頼るのは自分の屈強な体躯《たいく》だけという山間の兵士たちの勇猛果敢な戦いであった。

スイス誓約同盟の発足

十三世紀初頭、極めつけの難所であったゴットハルト峠が通行可能となった。これによりスイス中央部は南北ヨーロッパを結ぶ要路となった。同時に今までひっそりしていた山岳地帯がにわかに列強の関心を掻き立てることになる。とりわけ、ここスイスを発祥の地とするハプスブルク家は強権政治を敷こうとする。山岳民族はこれに激しく抵抗する。悪代官ゲスラーの無理難題にも怯《ひる》まず、息子の頭にりんごを載せてこれを弓矢で見事に射当てるという『ウイリアム・テル』の世界だ。

一二九一年、ウーリ、シュヴィーツ、ウンターヴァルデンの三州は、まずは互いのいがみ合いをやめて内から固めようと同盟を結ぶ。これがスイス誓約同盟の発足である。

当時、ドイツ皇帝はハプスブルク家のアルプレヒト一世を挟《はさ》んでナッサウ家のアドルフ、ルクセンブルク家のハインリッヒ七世と反ハプスブルク派が続いた。

二人の帝はスイス誓約同盟に自由特許状というハプスブルク家からの独立のお墨付きを与えた。面白くないのはハプスブルク家である。ハインリッヒ七世の死後、ハプスブルクのフリードリッヒ美王は帝位奪還を狙ってバイエルンのルートヴィッヒと激しく対立する。

当然、スイス誓約同盟はバイエルン侯を支持する。これに掣肘《せいちゅう》を加えようとフリードリッヒ美王の弟レオポルトが自慢のハプスブルク騎兵軍を率いスイスに侵攻した。

一三一五年、ハプスブルク騎兵軍はモルガルテン山の隘路《あいろ》を南下しようとした。敵は四千と聞くが、たかだか農民兵に過ぎない、わが精強騎兵軍が敵に遅れをとる気遣いは毛筋にもないとハプスブルク軍は意気揚々としていた。ところがスイス農民兵たちはまず「石や丸太を落とし山腹の隘路を塞ぎ、次に大混乱に陥った敵の胸甲騎兵めがけて鉾槍で突撃したのである」(『ドイツ傭兵〈ランツクネヒト〉の文化史』)。ハプスブルク騎兵軍の戦死者、千五百。モルガルテンの戦いはハプスブルク軍の壊滅的敗北に終わった。

しかしここで平和を好む純朴な山岳農民がやむにやまれず、ついに武器を取り、圧制者ハプスブルクを打ち負かしたのだという勧善懲悪劇を思い描いてはいけない。時代は歩兵の側にあった。モルガルテンの戦いとは、このことを熟知した練達の指揮官を抱える原初スイス三州政庁が用意周到にハプスブルク騎兵軍を殺戮したそれであった。

そしてスイス農民歩兵の槍ぶすま方陣はさらに磨きがかけられ、一三八六年、ハプスブルク家との二度目の全面衝突であるゼンパッハの戦いでも無類の強さを発揮し、敵を蹴散らした。しかもそれは奇襲攻撃ではなく真っ向からの力勝負の上であった。

スイス歩兵強し！　の評判がヨーロッパじゅうに広まった。

出稼ぎ傭兵がスイス最大の産業

観光という一大産業が出現する以前、スイスは寒山峨々《かんざんがが》たりといった単なる山間の地に過ぎなかった。ともかく耕作面積が極端に少ない。おまけにスイスは粗放酪農経済に進んだ。これは言ってしまえば男手がなくとも何とかなる生産形態である。山間で暮らすことにより足腰が鍛えられた屈強な男たちの働く場所がない。男たちは出稼ぎに出るしかない。そして当時、大量の雇用を保証する最大の産業と言えば戦争である。こうしてスイスの男たちは出稼ぎ傭兵となる。

しかしそれぞれ勝手に個人的に傭兵になるのではない。スイス誓約同盟の各州は一握りの都市貴族が牛耳っていた。これら門閥州政庁は農民たちを一まとめにして、スイス歩兵を喉から手が出るほど欲しがっているヨーロッパ各国の諸勢力と傭兵契約を結ぶのである。つまりスイス傭兵部隊とは国家管理の傭兵であった。しかも州政庁による強制徴募など必要なかった。働き口のない屈強な若者たちが先を争って傭兵募兵に応じたのである。出稼ぎ傭兵はスイス最大の産業となった。それはまさしく「血の輸出」であった。

この「血の輸出」に関してはこんなエピソードがある。

十七世紀、フランスの太陽王ルイ十四世のある高官が、スイスの司令官に「フランスがスイスの傭兵に支払う賃金は金の延べ板にしてパリからバーゼルまでの道路を覆い尽くしてしまう」とスイス人の金の亡者ぶりに不平を言い募った。するとその将軍はすかさず、「フランスのためにスイス人の流した血潮はパリからバーゼルに至るありとあらゆる河川に満ち溢れている」と切り返した。

たしかに「金のないところスイス兵なし」と言われるほど貪欲に金と略奪品を求めてヨーロッパ諸勢力の傭兵となったスイス傭兵部隊だが、なんといっても最大のお得意様はフランスであった。フランスのために三百年間で五十万以上のスイス兵が命を落としたと言われている。そのためか、フランス最古参の連隊「ピカルディ」の連隊旗はスイス傭兵に敬意を表して白地に赤十字となっている。

そのフランスとスイスの国家間の正式な傭兵契約は一四七四年に始まる。この傭兵契約付帯条項には、「スイス兵を神聖ローマ帝国、ならびにスイスと同盟関係にある国を相手の戦いには投入しない。また海戦には使わない。スイス兵は分散させず一まとめにしておく。スイス兵が帰国を望むときにはこれを許可する。フランス王は遅滞なく給料を支払う」とあったが、これら条項は次第に骨抜きにされ、後に見るようにスイス兵にスイス兵をあたらせるという同士討ちを強いることさえおきるようになった。これはフランス王だけではなく、スイス傭兵部隊を国家管理する各州政庁による自国民に対する裏切りであった。スイス兵は祖国の国家機構により「裏切られて、売られて」いたのだ（『裏切られて、売られて』アルバート・ホッホハイマー〔邦訳なし〕）。

さて、スイス傭兵部隊の国際舞台への正式なデビューとなるフランスとの傭兵契約が結ばれた一四七四年とは、ブルゴーニュ戦争勃発の年である。

ブルゴーニュ戦争

ブルゴーニュ公家はフランス王家の分家で、ブルゴーニュ地方とネーデルラント諸邦を治め、十四世紀から十五世紀にかけて栄えに栄えた。フィリップ豪勇公、ジャン無畏公、フィリップ善良公、シャルル大胆公と相次いだ大君主は毛織物産業で得られる莫大な富を湯水のごとく使い、華麗な中世宮廷絵巻を繰り広げ、におうがごとくいまさかりなり、とわが世の春を謳歌していた。これはホイジンガの『中世の秋』に詳しい。

さて、最後のブルゴーニュ公シャルル大胆公は同時に軽率公でもあった。公は名目上はフランス王家譜代の封建家臣である。しかし公はフランス王家の風下に立つことを潔《いさぎよ》しとしなかった。そこで公は一人娘のマリーを、神聖ローマ皇帝フリードリッヒ三世の嫡男マクシミリアン一世に嫁がせることでフランス王家から独立し、ブルゴーニュ公国を王国に格上げさせたうえ、あわよくば神聖ローマ皇帝位を我がものにせんと大胆かつ軽率極まる野望を巡らせた。

一方、当時のフランス王ルイ十一世は王権拡張の最大の障壁であるこのブルゴーニュ公国のお家取り潰しとその領地を王家直轄領にすべくさまざまな布石を打っていた。

これがブルゴーニュ戦争勃発の背景である。

戦争はシャルル大胆公とルイ十一世ののっぴきならない対立と、その漁夫の利を狙って介入してくる皇帝フリードリッヒ三世の三すくみ状態で進むが、実際の戦闘はスイス歩兵部隊と華麗な金羊毛騎士団を主力とするブルゴーニュ騎兵との間で戦われたと言ってよい。エリクールの戦い、グランソンの戦い、ムルテンの戦いとブルゴーニュ軍は連敗を喫する。

その間、ブルゴーニュ軍は徐々に軍勢の主力を騎兵から歩兵にシフトしていったが、基本的には騎士の戦いに終始した。つまり、一騎当千の栄えある騎士が徒歩で戦う氏素性もわからぬ下郎どもに負けてたまるかというわけである。

これに対してスイス軍はほとんど歩兵であった。ベルン市だけで二万の兵、各州は合計五万四千の兵を動員した。スイスは法的には神聖ローマ帝国に属していたが、その神聖ローマ帝国すなわちドイツ王国は四分五裂の状態で、これだけ大量の兵を一時に集めることができるのはスイス誓約同盟ぐらいであった。

スイス傭兵部隊の歩兵たちは前に五十六人、後ろに二十四人の陣形を組み司令官の命令に忠実に動いた。ブルゴーニュ騎士軍が自らの矜持で各々勝手に動いていたのとはえらい違いである。そしてスイス歩兵たちには騎士道的な勝者の寛大など微塵《みじん》もなかった。ただひたすら勝ちに乗じて敵を殺戮するだけであった。

そして一四七四年のナンシーの戦い。ブルゴーニュ軍は壊滅的敗北を喫する。折り重なる死骸の山からシャルル大胆公の遺骸が発見された。ここにブルゴーニュ公国の命運は尽きた。

フランス王ルイ十一世は直ちにブルゴーニュ公国を没収する。一方、ネーデルラント諸邦はシャルル大胆公の娘婿であるハプスブルクのマクシミリアン一世が手に入れた。マクシミリアン一世は当時、ローマ王を名乗り、次代の神聖ローマ皇帝を約束されていた。ブルゴーニュ戦争の結果、フランス王家ヴァロア家と神聖ローマ帝国のハプスブルク家による、現在のベルギー、オランダ、フランス北東部一帯の領土分割は一応のけりがついた。そして常に腐臭を求めてさすらうハイエナのような一族であるヴァロア家とハプスブルク家は、同じ獲物を求めてイタリアに目を向けたのである。

先手を取ったのはフランスである。ルイ十一世の後を継いだシャルル八世のイタリア侵攻がそれである。この「イタリア戦役」勃発により、ブルゴーニュ戦争で無敵の名声を勝ち取ったスイス傭兵部隊への需要は一気に高まり、フランスだけではなく、ローマ教皇、イタリア諸都市、神聖ローマ皇帝らが先を争ってスイス傭兵を求めるようになった。

邪悪な戦争

スイス傭兵を雇うことは、今までの戦いの質を根本から変えることを覚悟することであった。

例えば、捕虜は身代金をせしめるための大事な人質というのがそれまでの通念であった。しかしスイス傭兵は捕虜をすぐ殺す。殺すことで敵にパニックを引き起こすためである。戦いは文字通り敵の殲滅《せんめつ》であった。従来の八百長まがいののんびりした「芸術品としての戦争」が、「邪悪な戦争（マラ・グエラ）」に質的に変化したのである。

どうやら中世騎士物語を読みすぎた嫌いのあるシャルル八世は、このことを理解していなかった。ナポリ王国を奪還し、その勢いでコンスタンティノープルまで手を伸ばし、そこに世界帝国を創建することを夢想していたシャルル八世が、一年もたたないうちにこそこそとイタリアから逃げ出さざるをえなかったのは、王にスイス傭兵による「邪悪な戦争」を貫徹する覚悟がなかったことが主な原因であった。

シャルル八世の後を襲ったルイ十二世は、傍系のオルレアン家系の出自からいって先王よりよっぽど冷徹であった。一四九九年、ルイ十二世はスイス誓約同盟と十年間の傭兵契約を結んだ。

しかしそれにしても、スイスの出稼ぎ傭兵には休む暇もない。故郷に帰り、いっときゆっくりと手足を伸ばすこともできない。

実は彼らを出稼ぎ傭兵として送り出したスイス各州政庁が、出稼ぎ傭兵たちの帰郷を嫌ったのである。傭兵からの送金は常に歓迎するが、彼らの帰郷は困るというわけである。全身に血しぶきを浴びた傭兵帰りのささくれだった神経によって長閑《のどか》な山間が乱されてはたまらない。ある州議会では「傭兵帰りの連中の首を打ち落としたほうがまだましである。さもないとやつらの群れの前では安全ではいられないことを恐れなければならないからである」といった議論までもなされたという。もちろん、傭兵帰りの不平不満はとどまる所を知らない。俺たちの命を的にした戦いはいったいなんだったのか、と。州政庁はこの傭兵帰りたちをまたどこかに高値で売りつけるしかなかった。

そしてそれをフランス王ルイ十二世が買ったのである。ルイ十二世は先王シャルル八世の無様なイタリア撤退により受けたフランス王家の恥を濯《そそ》ぐためイタリアに侵攻した。一四九九年のことである。

ルイ十二世はスフォルツァ家にミラノ公国を簒奪されたヴィスコンティ家の公女を祖母に持つ。であるならばミラノ公国の正当な後継者は自分であると大義名分を掲げた。当時、ミラノ公国はスフォルツァ家の始祖、フランチェスコ・スフォルツァから四代目のルドヴィーコ・マリーアの統治にあった。ところで彼は嫡流ではなかった。兄の子供たちが幼いことをいいことに摂政に収まり、あげくには甥を追放しミラノ公になった男である。顔の色がいかにも酷薄な性格を伝えるように浅黒くイル・モロー（黒い人）の異名を貫い、本人も好んでこの異名で通した。彼の姪のビアンカ・マリアはいまや父帝の後を継いで、神聖ローマ皇帝となったハプスブルク家のマクシミリアン一世の後添えとなっている。すなわちルイ十二世のミラノ攻略は、ヴァロア家とハプスブルク家の全面衝突を必然的に招く事になりかねない剣呑《けんのん》なものであった。

ノヴァラの裏切り

ところでここで厄介なことは、イル・モローの軍事力はほとんどスイス傭兵部隊にかかっていたことである。対するにミラノ攻略のフランス軍の主力も、スイス各州の州政庁によってフランスに売りつけられた傭兵帰りの部隊であった。スイス各州は誓約同盟を結んではいるがスイス全体の統一的国家機構はないに等しく、各州の傭兵契約によってはこんなスイス兵の同胞殺戮戦も起きかねなかったのである。

一五〇〇年、ミラノ・神聖ローマ皇帝軍とフランス軍の両軍はミラノ西方四十七キロにあるノヴァラに対峙《たいじ》した。フランス軍のスイス傭兵約二万、ミラノ陣営には約九千、計三万近いスイス人が同士討ちの悲劇を前に固唾《かたず》を飲んで待っていたというわけである。

スイス兵の間に動揺が広がり、同士討ちなど真っ平ごめんだ、という声が巻き起こった。凄惨な同士討ちを回避するには裏切りしかない。

ミラノ軍のスイス傭兵はフランスに寝返ることを決めた。ところが彼らはさすがにイル・モローを見殺しにするのは寝覚めが悪いと思ったのか、表向きはフランス軍に引き渡すことになっているが、決してそんなことはしない、きっと安全に逃亡させてやる、と自軍に裏切られた哀れなミラノ公爵イル・モローに確約を与えた。イル・モローはこれを信じてスイス兵に変装して虎口からの脱出を試みた。ところがウーリ州の傭兵ルドルフ・トゥールマンが五百クローネンの報酬に釣られ、これを密告する。イル・モローは捕らえられフランスに拘引され、やがて処刑された。

これが悪名高い「ノヴァラの裏切り」である。ウーリ州政庁は密告者トゥールマンを捕らえこれを処刑するが、後の祭りであった。スイス傭兵の裏切りとトゥールマンの密告は「スウィス史上、かき消すことのできない汚点を残したのであった」(『スウィス傭兵の成立』瀬原義生)。

この名声失墜に追い討ちをかけたのがフランス王による給料不払いであった。スイス傭兵部隊は激昂する。スイス各州は反仏派、親仏派入り乱れて互いに確執を繰り返す。反仏派がヘゲモニーを握り、スイス誓約同盟はローマ教皇、神聖ローマ皇帝と新たに傭兵契約を結ぶ。

しかし給料支払いモラルの欠如に関しては教皇、皇帝ともにフランス王に引けを取らない。傭兵は雇い主あっての傭兵であった。自分たちが雇い主とならなければ列強にいいように振り回されるだけである。この損な役回りから脱するにはスイス誓約同盟自身がヨーロッパの列強の一角を占めなければならない。それにはミラノ公国を押さえることである。「ノヴァラの裏切り」の後にもかかろうじてミラノ公国を維持していたのはイル・モローの嫡男マッシミリアーノである。彼は「ノヴァラの裏切り」にあっても相変わらずスイス傭兵部隊に頼らざるを得ない自分の境遇にほとほと嫌気が差していた。スイス誓約同盟はミラノをほとんど属国扱いし、その要求はとめどもなかった。マッシミリアーノはこんなことなら高額の年金と引き換えにミラノ公領をフランスに売り飛ばしてもよいとさえ思うようになってきた。まさに貧すれば鈍するだが、この愚案はまもなく実現する。そしてそれを決定付けたのがマリニャーノの戦いである。

一五一五年、ミラノ南東約十五キロのマリニャーノでミラノ攻略を企てるフランス軍とそうはさせじと意気込むスイス軍とが激突した。結果はスイス軍の大敗に終わり、スイス誓約同盟はミラノを失った。

ちなみにこのときのフランス王は、ルイ十二世からヴァロア王朝の傑物フランソア一世に代替わりしている。フランソア一世はこの大勝利の後、すかさず無残な敗者であるスイス誓約同盟と「永遠の協調」を結ぶ。スイスをそれこそ永遠にフランスの傭兵として飼い続けようというのだ。そしてヨーロッパ列強にのし上がる千載一遇のチャンスを逸したスイスは以来、ひたすら傭兵産業に、とはすなわち「血の輸出」に精を出していくしかなかった。

しかしなぜ無敵を誇ったスイス部隊は負けたのだろうか。一口に言ってスイス部隊は自分たちが編み出した長槍密集方陣に自信を持ちすぎ、戦術の不断の改良を怠ったからである。マリニャーノの戦いの前に起きた第二次ノヴァラの戦いでスイス軍は勝ちには勝ったが、このときすでにスイス式長槍密集方陣の戦力に翳《かげ》りが生じていたのだ。スイス軍はそれに気づかず、相変わらず昔ながらの戦法に固執し負けるべくして負けた。スイス傭兵部隊の無敵神話は徐々に崩壊していき、やがて止《とど》めを刺されることになる。

その止めを刺したのはドイツ傭兵部隊、ランツクネヒトである。

第六章　ランツクネヒトの登場

パヴィアの戦いで皇帝軍に捕虜にされる
フランス王フランソア一世
（カポディモンテ美術館蔵）
（写真＝WPS）

マクシミリアン一世と南ドイツ傭兵部隊

偉大で勇敢な皇帝マクシミリアンに神のお恵みを！
帝の下、一つの騎士団が現れいで
笛や太鼓で諸国を廻る
これぞランツクネヒトと申すもの

自身がドイツ傭兵（ランツクネヒト）部隊に籍をおき、後に盲《めし》いて、乞食歌人として苦難の人生を余儀なくされたイエルク・グラフのリート（歌曲）の一節である。

このリートが示すようにランツクネヒト部隊は、ハプスブルク家中興の祖であり、「中世最後の騎士」と謳われた神聖ローマ皇帝マクシミリアン一世と極めて関係が深い。帝はランツクネヒト部隊の創設者ではなかったかもしれないが、強力な育成者であったことは間違いない。

十五世紀末から十六世紀、十七世紀と約二百年にわたってヨーロッパの戦場のみならず、新大陸南米を含めて世界の至るところに現れ人々を震え上がらせた軍事史上、極めて特異な軍事組織であるランツクネヒト部隊は先に書いたブルゴーニュ戦争前夜に呱々《ここ》の声をあげた。

詳しいいきさつは省くが、ブルゴーニュ戦争前夜、シャルル大胆公は上ライン河畔（上アルザス地方）のハプスブルク世襲領を占拠し、同地をブルゴーニュ公国に編入すべく一人の代官を派遣した。ハーゲンバッハ・フォン・ペーターである。

この人物は酷薄な性格で情け容赦ない強権政治を敷き、後に農民一揆を招き処刑されてしまう。しかしペーターはどういうわけか軍事的先見性だけは見るべきものがあった。

彼は時代は歩兵の側にあると逸早《いちはや》く見抜いていた。しかもスイス風の長槍を持った歩兵密集方陣だ。しかしシャルル大胆公の当面の敵であるスイス傭兵部隊を雇うことはできない。そこで彼はアルザスや南西ドイツで大金をばら撒き、大量の歩兵を集め彼らにスイス風長槍を持たせた。むろんにわか仕込みの長槍武装なので実戦にはおいそれと効果は発揮できず、結局、ペーターは農民一揆を鎮圧することはできなかった。

ともあれ、このときの特に南西ドイツから思いもかけない高給に釣られてやってきたスイス風長槍部隊が、ランツクネヒト部隊の前身と言われている。そして仮にシャルル大胆公がペーターの残したこの傭兵部隊をじっくりと時間をかけて育成し、そのうえでブルゴーニュ戦争に臨んでいれば戦争の行方はまた変わったものになっただろう。

そのブルゴーニュ戦争の最終的決着は、ナンシーの戦いで戦死したシャルル大胆公の遺領の一つであるネーデルラント諸邦の帰属にかかっていた。もちろんフランスはブルゴーニュ公国と合わせて、ネーデルラント諸邦をも手に入れようとする。これに対して大胆公の娘婿であるマクシミリアン一世はそうはさせじと、対フランス戦を決意する。一四七九年のギネガテの戦いである。

ところが当時ローマ王のマクシミリアン一世には手持ちの軍隊がない。ローマ王とは神聖ローマ皇帝位継承者の称号である。にもかかわらず、やがてマクシミリアンに家臣として仕えなければならないドイツ諸侯は高みの見物を決め込む。そしてマクシミリアンの父帝フリードリッヒ三世も、対ハンガリー戦で手一杯でとても援軍を送ってよこす余裕はない。そこでマクシミリアンはスイス傭兵部隊と並んで、大量のドイツ傭兵を南ドイツから掻き集める。彼はこの戦いで初めて歩兵方陣戦法を採用しフランス軍を破った。ネーデルラント諸邦はハプスブルク家のものとなる。

そしてそれからというものマクシミリアンは、当時の封建軍事組織の枠外にあった南ドイツ傭兵を皇帝軍の中核部隊とするのだ。

ランツクネヒトの故郷

ところでなぜ南ドイツなのか？

南ドイツは神聖ローマ帝国の版図のなかで、バイエルン侯国を除いて有力諸侯（大藩）が見当たらず、弱小諸侯（小藩）の密集地であった。南ドイツの小藩は雄藩バイエルンと皇帝家ハプスブルク家の本拠地オーストリアに挟まれ、右顧左眄《うこさべん》するしかなかった。おまけにこの一帯には多くの教会領が虫食いのように散在し、さらにアウクスブルクを始めとする帝国直轄として諸侯の支配を受けない有力な帝国都市が勢力を張っていた。

南ドイツの各小藩は大藩バイエルンに対抗するため、ハプスブルク家の後押しでシュヴァーベン同盟という軍事同盟を結成するが、後にバイエルン自身がその同盟に加わり、結局、各藩はハプスブルク家とバイエルンの隷属下におかれることになる。

ところで各藩が軍事同盟を結ぶということは、徳川政権の強固な幕藩体制とは違い当時の神聖ローマ帝国がいかに統一国家の体をなしていなかったかの証左《しょうさ》である。皇帝家ハプスブルク家も各藩の係争調整能力はなく、ひたすら自領拡大に狂奔《きょうほん》するだけであった。

さらに南ドイツは北ドイツに比べ地味が豊かであったため、伝統的に男子均一相続制度が採られていた。したがって農地は代替わりのたびに細分化され、農民といえば零細農民ばかりとなっていた。もはや分ける耕地もなくなっていたのである。農家の次男三男は小作人になるか難民として近隣の都市になだれ込むしかなかった。そして各藩も小藩ゆえに強力な公権力など夢のまた夢で、こうした農民の逃散・逃亡に対してなす術《すべ》もなかった。

むろん当時は、村の教会の尖塔が見えなくなるところまで出かけたことなど生まれてから一度もない人々が、大多数を占める定住農村社会であった。ところがここ南ドイツはその定住社会ではアウト・ローを意味する流れ者、無宿人の予備軍を大量に抱えていたのである。農家の次男三男や都市難民が当時の定住社会に背を向けて、一縷《いちる》の望みをかけるようにしてこぞって傭兵募兵に応じたのである。そしてそんな彼らが結局はとどまるも地獄、進むも地獄であることを痛切に知らされるのはずっと後になってからのことである。ともあれ、南ドイツは傭兵の宝庫であった。この南ドイツ出身の歩兵からなる傭兵を称してランツクネヒトと言う。

スイス傭兵部隊との違い

ランツクネヒト。ドイツ語でLandsknechtと綴る。Landは国、土地、田舎という意味で、Knechtは兵士と解してよい。そこでランツクネヒトの語源についてさまざまな解釈が生まれる。

まずはLandsが騎兵の槍Lanzenの転化とする説があるが、ランツクネヒトはスイス兵に倣《なら》って歩兵の長槍を武器としている。次にスイス兵のような山岳出身の兵ではなく「平地（ラント）出身の兵」であるというのはどうか。しかしランツクネヒトには、アルゴイ地方（現ドイツとオーストリアとの国境をなす山岳地帯）やチロル出身の兵も数多くいた。都市ではなく「田舎（ラント）出身の兵」というのも明らかにおかしい。ランツクネヒト部隊では、その発祥のときから都市出身兵が重要な役割を果たしているからである。「国土（ラント）防衛の兵士」となると、あまりにも現在の国家概念にとらわれすぎていることになる。そもそも国土とは何か、祖国とは何か？　当時そんな概念があったのか？　ランツクネヒトは国家防衛といった意識とはまったく無縁なところから生まれている。事実、神聖ローマ皇帝（ドイツ国王）軍とひっきりなしに干戈《かんか》を交えたフランス王軍の軍勢にも、数多くのランツクネヒトが雇われていたのである（『ドイツ傭兵〈ランツクネヒト〉の文化史』）。

このようにランツクネヒトの語源ははっきりしない。しかし当時からランツクネヒト部隊とスイス傭兵部隊の違いは強く強調されていた。とりわけランツクネヒト自身が彼我《ひが》の違いをことさらに言い募《つの》った。ランツクネヒトにしてみれば、スイス傭兵部隊との違いを強調することが、自分たちのアイデンティティーの確立に繋がっていたのである。

すなわちランツクネヒトは、スイス傭兵部隊のまねをすることから始まったのだ。ランツクネヒトは最初のころはいつも金魚の糞のようにスイス傭兵部隊の後について回り、彼らから離れた戦場に配置されることを極端に恐れた。

こんなよちよち歩きの生徒がいつのまにか先生と肩を並べるくらいに成長し、やがて教師に反抗するようになる。

一四八六年一〇月九日のスイス誓約同盟議会の議事録は、ランツクネヒトについて言及している。いわく、シュヴァーベン地方の騎士コンラート・ゲシュッツなる者がスイスでランツクネヒト部隊の兵を募集している、しかもその際、この騎士はランツクネヒト部隊に入れれば一人で二人のスイス兵を難なくねじ伏せられるぐらいに鍛えることができると豪語している、まったくけしからん、と。

この史料はブルゴーニュ戦争前夜に生まれたばかりのランツクネヒト部隊が、わずか十数年ではやくもスイス傭兵部隊とライバル関係に立ったことを示している。以来、二つの傭兵部隊は近親憎悪も手伝って互いに激しい敵愾心《てきがいしん》を燃やしていく。

それではスイス兵のように武装し、スイス兵の戦法を採り、「スイス兵の習慣に倣って自分たちを律した」傭兵部隊であるランツクネヒトは、スイス傭兵部隊との差異をどこに求めたのだろうか。

「自由」こそわがアイデンティティー

「ランツクネヒトはその服装、武器とどれをとってもスイス傭兵部隊よりはるかにロマンチックで多彩であった」とは衆目の一致するところである。

とりわけ服装が異様である。少数の騎士軍から大量の歩兵軍の時代に突入した中世末期、君主の国家独占はまだ先の話であった。君主には金がない。だからこそ、その場限りの傭兵を使うのだ。その傭兵にお仕着せの制服を与えるのは金をどぶに捨てるのと同じである。軍隊に制服が導入されたのは近代以降のことだ。つまり傭兵たちは皆てんでんばらばらの格好をしている。つぎはぎだらけのみすぼらしい者もいれば、少し金回りのよい者は派手に着飾っている。

ランツクネヒトの服装

ランツクネヒトの世界に飛び込んでくるのは故郷で食い詰め、定住社会に背を向けた連中が大半である。彼らは故郷にしがみつくことでそこそこ食べていける小心者たちを負け惜しみを兼ねて思いっきり馬鹿にしたがる。やつらには自由がない、と。そして彼らは村を離れ、都市を離れて得た「自由」をとてつもなく異様な衣装で表現するのだ。

男根をこれ見よがしに誇示する革の「前当て」。巨大な羽飾りのついた帽子。切れ目や襞の膨らみをふんだんに付けた上下。これらの衣装が兵たちの動きを封じてしまい、実戦には向かないことなどお構いなしだった。ランツクネヒト・モードは一時代前のゴシック風であった。そのくせゴシック時代とはちがい彼らは一様に髭を蓄えている。このアンバランス、異様ないでたちは婆娑羅《ばさら》としか言いようがない。あるいは水野十郎左衛門の組織した大小神祇組により、派手な衣装を着込み、江戸の町をわが物顔に闊歩する江戸初期の旗本奴のようであった。

衣装に現れるランツクネヒトの「自由」はランツクネヒトの組織形態に由来している。スイス傭兵部隊は傭兵と言えども国家管理の傭兵部隊であった。これに対しランツクネヒト部隊はあくまでも私企業であった。スイス誓約同盟議会議事録に出てくるシュヴァーベンの騎士コンラート・ゲシュッツのような口入れ屋が現金をちらつかせながら兵を掻き集めてきたのが、ランツクネヒト部隊である。日本でも応仁の乱以降、大量の足軽傭兵が発生し、各地で略奪をほしいままにしたのは、兵たちの奉公先を斡旋《あっせん》する口入れ屋と略奪品を捌《さば》く故買屋が軒を接して店を開いていたからである。当時戦争は最大の産業であった。

そしてドイツでは足利幕府末期と同じく強大な公権力がなく、戦争ビジネスは口入れ屋である各民間企業家に任せられていた。これら戦争企業家が傭兵隊長である。

ランツクネヒトの募兵

神聖ローマ皇帝、ドイツ諸侯、帝国諸都市、フランス王、スペイン王、イギリス王、ローマ教皇、イタリア諸都市が戦争を決意すると、幾人かの傭兵隊長に募兵特許状を交付する。この募兵特許状は、最高主権者である戦争の最高司令官と傭兵隊長との間で取り交わされた傭兵契約書であり、傭兵隊長への辞令でもある。

例えば帝国都市アウクスブルクが、ブルクハルト・フォン・エムスという傭兵隊長と契約を結ぶ。

一連隊十二中隊計六千の兵の確保。軍人服務規程条文作成。雇用期間は三ヵ月。閲兵の日取りと場所の確定。連隊長の月給二十グルデン。各中隊は中隊長のほかに旗手が一人。中隊長の月給十二グルデン。旗手は十グルデン。兵士の給料は月四グルデン。連隊長の護衛兵は倍の八グルデン。給料の対象月間は二十八日間とする。募兵の際に兵たちに支払われる手付金は、一人頭四十クロイツァー……と細かな条項が並ぶ。

ちなみに、月四グルデンといえば職人の親方ぐらいの稼ぎだから、もともと食い詰めているか、職があっても半端な賃金しかもらえない連中には魅力的な金額であったと言える。

しかも給料の対象月間が二十八日というのも美味《おい》しい話だ。普通は三十日に押し切られるからである。まじめに無事勤め上げればそこそこの小金が貯まり、除隊後にはそれを元手に小さな商売でもはじめられそうである。ところがどっこい、そうは問屋が卸さない仕組みになっていることがおいおいわかってくる。

ともあれ、連隊長エムスとアウクスブルク市長との間で合意がなり、契約書にサインされる。すると募兵特許状は公式な辞令となる。エムスは日頃から飼っている手下どもを集め、彼らの何人かに旅興行を命じる。つまり募兵だ。

募兵係は市中や村々を笛や太鼓で練り歩き、怖いもの見たさに集まってきた人々を前にして口上をはじめる。さあ、諸君、小市民的な平々凡々とした生活を捨て、今すぐランツクネヒト部隊に入ろう！　村を捨て、町を捨て諸君は自由な戦士になるのだ！　そして現金をちらつかせる。すると慌て者が書記係りに出身地と名前を告げて、会計係りから手付金を貰う。こいつはこれでもう舞い上がってしまい、募兵リストに載った自分の名前の後ろに「長槍代二グルデン」とあるのを気にも留めない。このお調子者は長槍を持ってないので、閲兵地で支給されることになった。もちろんただではない。それは二グルデンもし、最初の給料から差し引かれることになっている。「長槍代二グルデン」はそのための備忘録である。このことに気が付いても、もう後の祭りである。なぜなら手付金を受け取った瞬間から、こやつは頭の天辺から足の先まで自分の生身をランツクネヒト部隊に売り渡したことになるからである。

　次は閲兵である。閲兵地までの通り道になっている街道筋の旅館や酒場は戦々恐々とする。路銀を使い果たしたランツクネヒト志願者が、いつ盗人や無銭飲食者に早変わりするか知れたものではないからだ。もっとも宿屋の亭主や酒場の女将もそれほどうぶではない。計算がからっきし駄目な兵隊相手にあこぎな商売をするやつが後を絶たない。それゆえ当局は亭主や女将に適正な値段で宿や食事を提供するように、とたびたびお触れを出すくらいであった。

　ところで、手付金を貰ったランツクネヒト志願者を四六時中監視するシステムなどなかったから、金だけ受け取って後はドロンを決め込むチャンスはいくらでもあった。それにもかかわらずこうした手付金泥棒はほんのわずかであった。ほとんどのランツクネヒト志願者が閲兵場に出頭したのである。どうやら、募兵リストに名を連ねた者は必ず閲兵地に出頭するというのは、ランツクネヒトのアイデンティティーの根底にある道徳的義務であったらしい（『ドイツ傭兵〈ランツクネヒト〉の文化史』）。

史上稀に見る民主的な軍隊

さあ、閲兵地に着いた。これからが戦争企業家である傭兵隊長の腕の見せ所である。閲兵には傭兵隊長の雇い主である最高司令官はめったに顔を出さない。兵站《へいたん》官を代理に送ってよこすのが普通である。兵站官は志願者本人と装備の品定めをしたうえで最終的に採用を決め、同時に給料と配属も決める。装備がよければ給料が倍になることもある。そこで兵站官相手にさまざまなごまかしが行われる。武器と具足の貸し借りはあたりまえであった。そしてなんといっても兵員の数の水増しである。女子供にも長槍を持たせ一人前のランツクネヒトに仕立てる。なかには十三の偽名を使い分け、十三の中隊に名を連ねた猛者《もさ》もいるぐらいであった。傭兵隊長はこうして兵の給料を水増し要求し、それを着服するのである。中隊長以下も必死になってそのおこぼれに与《あずか》ろうとする。こうして閲兵場は不正のオン・パレードとなる。

それでもともかく一中隊約五百のところ、実際はだいたい一割強が欠員のまま帳簿上は査閲が終わる。すると軍人服務規程の朗読と誓約がおこなわれる。

軍人服務規程はだいたい三章に分かれている。

第一章は兵士の公私を律する規律一般と連隊長、将校、上官への服従が謳われている。これに付随して刑吏の保護、裁判所法の承認、憲兵および司法官の職権、連隊長の許可なしの除隊禁止等々の規定がある。ところで刑吏の保護や憲兵の職権の確認が謳われているが、もちろんこの軍人服務規程の有効期間はランツクネヒト部隊の契約終了時までで、隊の解隊と同時にその効力を失う。と同時に兵士たちの怨嗟《えんさ》の的となっていた刑吏や憲兵は、自分たちの身の安全のためにさっと姿をくらます。

第二章は部隊内の礼法一般と戦時慣例とそれらの違反規定が定められている。例えば偽誓約による神への冒瀆の禁止、教会と司祭の保護、妊婦や婦女子の保護等々。そして製粉所の保護も決められている。というのは、中世ドイツでは農民は定められた製粉所を使用するという製粉所法があったからだ。

第三章は兵士の権利と同時に共同決定権と自治の制限が主要項目となっている。すなわち、部隊内の兵士集会を連隊長の許可なしに開催することの禁止、兵士の給料の額、支払方法、略奪の権利等々の規定である。この規定を見ればランツクネヒト部隊がまさに一つの動く国家であったことがわかる。そして注目すべきは兵士集会に基づく共同決定権の規定である（『ドイツ傭兵〈ランツクネヒト〉の文化史』）。

これらの儀式が終わるといよいよ遠征が始まる。一連隊十から十二中隊が通常の単位で連隊長は遠征の始めに輪になって居並ぶ兵たちに中隊長、司法官、憲兵、輜重《しちょう》隊長、設営隊長などを紹介する。

次に中隊ごとに分かれて中隊長が旗手と軍曹を紹介する。旗手は中隊の華で、中隊長、連隊長への出世の登竜門である。だいたいが都市貴族の子弟のなかで冒険好きが嵩じてランツクネヒトの世界に飛び込んできた若者や、腕に覚えのある小領主騎士の子弟で占められている。

軍曹の助手となる特務兵、例えば先導兵、設営給養兵や分隊の指揮官である伍長等は兵士集会での選挙で決まる。そしてその特務兵の中にアミッサーテンと呼ばれる役職がある。アミッサーテンとは「全権委員」とか「外交使節」を意味するラテン語起源の言葉だが、この特務兵の役割は連隊長とその雇い主である最高司令官に対する部隊全体の兵士たちの利益を代表することであった。それを兵士集会の選挙で決める。

つまりランツクネヒトは、連隊長らの軍当局からの管理統制を受けない自分たちの自治組織を持っていたことになる。兵士集会は現在の労働組合的職能を持ち、給料の未払への抗議、「突撃金」のような特別手当の獲得、略奪品の共同分配等々と共同決定権を駆使し、軍当局によるあらゆるごまかしを監視していたのである。その意味でランツクネヒト部隊は軍事史上稀に見る民主的な軍隊であった。

それゆえ、軍当局は先に挙げた軍人服務規程の第三章でこの兵士集会の無届開催の禁止を挙げているのだ。連隊長は兵士集会で突如として噴出する兵士たちの凶暴なエネルギーを恐れ、何かにつけて兵士たちの共同決定権を制限しようとした。

酒保商人の存在

「軍隊は胃袋で動く」とはナポレオンの至言であるが、糧食支給は軍隊の戦闘力維持の根幹をなしている。それゆえ軍当局は糧食の組織的効率的支給に心砕くものである。ところがランツクネヒト部隊当局は最初からこのことを放棄している。傭兵部隊というその場限りの軍隊が輜重《しちょう》隊を丸抱えするのはどだい無理であった。それよりも下請けに丸投げ外注したほうがはるかに効率的であった。こうしてパン、肉、スープ、ビール、ワイン等々の糧食の調達と配給は全てが民間業者である酒保商人に任せっきりとなった。

酒保商人は糧食だけではなく、武器、弾薬、具足、さらには生活に必要なあらゆる雑貨も扱い、遠征の行く先々で略奪品を兵士たちから安く買い叩き、戦いですさんでいく兵士たちに酒場や賭博場を開き、料理女、飯盛り女、洗濯女、裁縫女、看護婦を抱え、ついでにこれらの女たちを娼婦に早変わりさせ、兵士たちにセックスをも提供していた。連隊長たち当局は酒保商人たちから上前をはねるだけだったが、もちろんそのリベートぶんが物の値段に上積みされたことは言うまでもない。

いずれにせよ、このランツクネヒト部隊のカッコ付き輜重隊は酒保商人とその配下、女子供、旅芸人らの非戦闘員でむせ返っていた。その数はべらぼうに多く、ランツクネヒト一連隊六千人とすると、ほぼその同数の民間人が連隊の後をぞろぞろとくっついていくのである。その様子は十六世紀の版画家アルプレヒト・アルトドルファーの五十四メートルにも及ぶ連続木版画『皇帝マクシミリアン一世の凱旋行列』の掉尾を飾る六枚組の『輜重隊』にドキュメント映画のように描かれている。

先頭は指揮棒を掲げた輜重隊長が馬で行く。次によぼよぼの老いぼれ馬に乗った一組の男女。それからめかしこんだ派手な女二人。彼女たちも馬である。その後を無数の輜重隊員が行く。そこには秩序の気配すらない。ある者は徒歩で、またある者は馬車で、荷車や荷馬を引く者、籠や桶を担ぐ者、荷物や頭陀袋《ずだぶくろ》を抱える者と千差万別である。子供、女、男、若者、年寄り、犬も混じり、そして兵士たち、酔っ払った従軍司祭、娘たちに囲まれた輜重隊の旗手、重い荷物を背負った靴売りと続き、行進はなにからなにまでてんでんばらばらである（『ドイツ傭兵〈ランツクネヒト〉の文化史』）。

もちろんこうした輜重隊の存在は行軍の速度を極端に遅らせ、戦闘中はまったくの足手まといとなった。しかしそれでも輜重隊の規模は縮小することなく、それどころか膨れ上がる一方で、十七世紀の三十年戦争の時には軍本体の一倍半にもなったのである。軍隊の組織的糧秣《りょうまつ》支給は近代まで行われなかった。

戦争企業家・傭兵隊長の資格

それではこんな特異な軍隊であるランツクネヒト部隊を率いる連隊長、すなわち戦争企業家である傭兵隊長とはどんな人種であったのか。

兵士たちにとって連隊長はたしかにあくどいやり方で自分たちの生き血をすする悪辣企業家ではあったが、しかしなんといっても兵士たちは連隊長あっての兵士たちであった。部隊内での裁判権、戦闘中の作戦指揮等々と連隊長は文字通り兵士たちの生殺与奪《せいさつよだつ》の権を握っていたのである。兵士たちから見て給料を支払い、自分たちを食わしてくれるのは神聖ローマ皇帝、ドイツ諸侯、帝国諸都市、フランス王、スペイン王、イギリス王、ローマ教皇、イタリア諸都市の誰でもなく、他ならぬ連隊長その人であったのだ。兵士たちは連隊長の雇い主など誰でもよかった。最高司令官はどこの国の君主で敵はどこか、何のための戦争なのかにはまったく関心がなかった。彼らの関心はどの連隊長について行けば給料を遅滞なく貰え、多くの略奪品を得られるかだけに向けられていた。

思えばドイツ傭兵、ランツクネヒトはスイス傭兵とは違い出稼ぎではない。出稼ぎには帰る故郷がある。ところがランツクネヒトはひとたび傭兵稼業に手を染めると、だいたいが故郷から冷たく締め出される。傭兵契約期限が切れ、隊が解隊されると彼らはたちまち干上がってしまう。月四グルデンの給料も隊内での博打、酒代、娼婦の花代、酒保商人のごまかしで跡形もなく消えている。帰る故郷とてない除隊兵士は乞食、行商人、旅芸人、鋳掛け屋、ロマ（ジプシー）といった階級秩序の外側で暮らす非定住社会に身を置くしかない。彼らは諸国を放浪し、無銭飲食、盗み、追いはぎ、放火、人殺し、略奪を繰り返し、その眼にすさんだ陰険な光を宿すことになる。そしてどこかで傭兵部隊の募兵があると聞くと、いまとなっては娑婆《しゃば》ではまっとうに生きることができなくなったこれら除隊兵士が先を争って募兵に応じるのだ。

むろん、それも今までの生活の繰り返しである。兵たちは己の命を的にして得た月わずか四グルデンの給料を酒、賭博、女に蕩尽《とうじん》する蟻地獄の生活にのた打ち回り、その日その日を小狡《こずる》く生きるしかないのだ。しかし少なくともここには彼らの生活があった。否、ここにしかなかった。兵士たちにとってランツクネヒト部隊が故郷となる。

その故郷を束ねる傭兵隊長、連隊長に兵士たちがいつしか霊威を感じ取ってもおかしくはない。

また連隊長はどこかしら、そんなオーラを放つ人物でなければ勤まらないということである。むろん軍事にも精通していなければならない。とすれば傭兵隊長の出身層は限られてくる。

連隊長、中隊長、旗手の将校クラスはほとんどが立身出世と権力を渇望する没落騎士貴族からの転進組で占められていた。

しかし経済的に社会的にいかに落ちぶれたとはいえ、騎士貴族からの傭兵隊長への転進にはそれなりの覚悟が必要であった。

馬から下りることである。

確かに傭兵隊長、連隊長は行軍中は馬上の人である。だがひとたび戦闘が始まると連隊長は馬から降り兵士同様に徒歩で戦うのだ。それどころか部隊の先頭に立ち陣頭指揮を採らなければならない。高貴で勇敢な騎士が普段なら不埒《ふらち》にも話し掛けられることなど絶対に許さない素性の知れぬ足軽と、肩を並べて戦列に加わらなければならないのだ。馬から下りるということは騎士としての矜持《きょうじ》を捨てることであった。

だからこそランツクネヒトの育成者たちは自ら進んで馬から下りた。

ギネガテの戦いではかのマクシミリアン一世ですらほんの一時とはいえ、槍を手に歩兵の第一列に立ったのだ。一四八五年、ガン市入城の際、このローマ王は槍を肩に担いで彼の率いるランツクネヒト部隊を徒歩で先導している。こうしたマクシミリアンの行動が兵たちの心をくすぐるのである。

そしてマクシミリアンのジェスチャーは、何も兵士だけに向けられたのではない。マクシミリアンは貴族たちにつまらぬ騎士としての矜持を捨て、兵士たちの戦列に加わり兵士たちを奮い立たせる真の高貴ある戦士となれ！　と呼びかけたのである。そして「これら貴族出身のランツクネヒトによって新しい歩兵隊のモラルをも向上させ、歩兵隊に自意識を与え、さらには帝国とその代理人たちへの忠誠心といった軍人魂さえをも植え付ける。マクシミリアンはまさしくこんなふうにしてランツクネヒトに臣従関係を執拗に求めたのである」（『ドイツ傭兵〈ランツクネヒト〉の文化史』）。

ランツクネヒトの父

このマクシミリアン一世の要請に最もよく応えた格好になったのが、ゲオルク・フォン・フルンツベルクである。

彼もまたミンデルハイムの小貴族の出身であった。長男でないため継ぐべき家領も少なく、彼は軍人の道を歩み、栄進を重ね募兵特許状を交付される傭兵隊長となる。だが雇い主は常にハプスブルク家であった。彼はマクシミリアン一世とその孫カール五世に仕えにに仕えた。その辺が少しでも利を求めてくるくると雇い主を変える並みの傭兵隊長とは違う。

つまり逆に傭兵隊長の戦争企業家としての側面がおろそかだったことになる。事実、フルンツベルクは傭兵契約締結のときも常にハプスブルク家に押しまくられ、みすみす戦争ビジネスの利益を失ってしまう。兵士を水増しし浮いた給料を着服することもない。兵に粗悪な長槍を高値で売ることもしない。輜重隊への食料、弾丸、武器らの物資納入に付き物のリベートも取ろうとはしない。酒保商人の差し出す袖の下にも手を出さない。おかげでフルンツベルクの連隊の酒保では物の値段が適正となっている。そして何よりもフルンツベルクは兵の武器の質に心を砕いた。

戦いにあっては勇猛だが決して猪突猛進はしない。戦況が不利とあらば退却も辞さず、兵を無駄に死に追いやることはなかった。

兵たちはこんなフルンツベルクを「ランツクネヒトの父」と賛えた。こういう軍隊は実に強い。

祖父マクシミリアン一世の後を襲い神聖ローマ皇帝となったカール五世はこのフルンツベルク率いるランツクネヒト最強部隊を擁して宿敵フランス王フランソア一世との一大決戦を仕掛けた。一五二五年のパヴィアの戦いである。

この戦いはイタリアの覇権を巡るハプスブルク家とヴァロア家の一連の死闘に決着をつける戦いであったが、それは同時にスイス傭兵部隊とランツクネヒト部隊のそれでもあった。

パヴィアの戦い

一五二四年秋、二万余のフランス軍に隙間なく包囲されたイタリア北部の都市パヴィア。籠城する四千の皇帝軍ランツクネヒト部隊は飢えに苦しみ、ついには馬、驢馬、そして犬猫まで食わざるを得なくなっていた。それでも降伏を頑《かたく》なに拒否したのは、救援部隊来軍の見込みがあったからである。

事実、翌二五年一月末、皇帝軍は千山万岳のアルプスを越え、パヴィア市郊外にその姿を現した。軍勢二万弱。こうして二月二十四日、史上名高いパヴィアの戦いが始まった。

皇帝軍の総帥はブルボン公爵である。言うまでもなくフランス・ブルボン家の統領で、フランス王フランソア一世と対立し皇帝軍に寝返った元帥である。皇帝カール五世は同時にスペイン王カルロス一世であった。そのスペイン軍を率いるペスカーラ将軍。しかしなんといっても皇帝軍の主力は、フルンツベルクを始めとする歴戦の傭兵隊長が指揮するランツクネヒト部隊である。そしてこのランツクネヒト部隊の槍方陣が、千五百の火縄銃隊を守るようにして最前線に立つ。

一方、フランス軍は国王フランソア一世の親征である。最前線はフランス胸甲騎兵。それに屈強のスイス傭兵部隊。当時はまだスイス誓約同盟に参加していなかったグラウビュンデン州のこれまた精強の傭兵部隊。さらにガスコーニュ傭兵。そしてイギリスのリチャード・サフォーク伯率いる「黒部隊」。実はこの部隊はフランス軍に雇われたドイツ傭兵部隊のことである。

戦いは九時間半に及んだ。最初はフランス軍が陣地の地形の利を活かして押し気味であった。しかし、フルンツベルク率いる皇帝軍ランツクネヒト部隊の槍方陣が徐々に力を発揮する。そして何よりも千五百挺の火縄銃がものをいった。

フランス胸甲騎兵がばたばたと倒れ、その間、ランツクネヒト部隊はフルンツベルク隊が正面から、エムス隊が左側面からフランス「黒部隊」に襲い掛かった。こうしてこの頃から火器がはっきりと戦いの主役へと踊り出たのである。火縄銃隊は槍方陣の側面援助の役割を脱し、むしろ槍方陣のほうが火縄銃隊の守りに回されるようになった。

こうした戦いの変化をついに悟ることができなかったフランス軍のスイス傭兵部隊はあっという間に崩れた。続いてグラウビュンデン傭兵、ガスコーニュ傭兵が算を乱して潰走を始めた。

落ち武者狩りは凄惨を極めた。それはまさしく屍山血河《しざんけつが》の惨状だった。パヴィアの近くを流れるティティーノ川に追い詰められたフランスのスイス傭兵部隊の多くは、氷のように冷たい川の水に呑まれ、ごぼごぼと断末魔の声をあげながら命を落とした。フルンツベルクの従軍書記官ライスナーは、「この日、神の恩寵は示されなかった」と書いている。そして彼はこのパヴィアの戦いを、「邪悪な戦争（マラ・グエラ）」と呼んだ（『ゲオルク・フォン・フルンツベルク』ラインハルト・バウマン〔邦訳なし〕）。

数日後、スペインのマドリッド宮廷で政務を執っていた神聖ローマ皇帝カール五世にしてスペイン王カルロス一世は「陛下、大勝利でございます。フランス王フランソア一世はわが軍に捕獲され、いまや陛下の手の内にございます」という戦勝報告を満足げに聞いた。哀れ虜囚《りょしゅう》の身となったフランス王フランソア一世は直ちにマドリッドに護送され、監禁された。王たるものが生きて虜囚の辱めを受け、王は篤い病魔に襲われた。そもそも無理筋であった王のミラノ公位継承権主張は完璧に葬り去られ、あまつさえブルゴーニュ戦争でルイ十一世がフランス王家に編入したブルゴーニュ公領をハプスブルク家に譲るという屈辱的譲歩を強いられた。

このマドリッド条約で、シャルル八世のイタリア侵攻以来の「イタリア戦役」はハプスブルク家の大勝利のうちに終息するかに見えた。

するとランツクネヒトを始めとする傭兵の大量失業時代が到来したのだろうか。いや、そうはならなかった。

第七章　果てしなく続く邪悪な戦争

傭兵たちに囲まれ、卒中で倒れるゲオルク・フォン・フルンツベルク

ドイツ農民戦争

イタリアから引き揚げてきたランツクネヒトには農民戦争が待っていた。

一五二五年から南ドイツを発して、燎原の火のごとくドイツ全土に広がった大農民一揆は当時の最大にして唯一の社会批判であった宗教改革に精神的拠《よ》り所《どころ》を求めた。それほど宗教改革は広く農民層に行き渡っていたのである。そして農民にとってローマ・カトリック教会を批判することは、とりもなおさず俗世の体制を批判することであった。

このころドイツでは領邦国家体制が確立する過程にあり、農民は前代にもまして隷農化を強いられていた。

領邦国家が成立するずっと以前から、ひょっとすればドイツ上代のゲルマニア時代から脈々と受け継がれてきた「古き法」が、領邦君主の推し進める「新しき法」に踏みにじられ、農民の固有の権利が剝奪されていった。山で薪《たきぎ》を拾い、草地で家畜に餌をやり、川で魚を獲るという古来よりのあたりまえの権利（入会権）の行使にも税がかけられ、はては農民一人死ぬことにも死亡税がかかるむちゃくちゃな時代になってきたのだ。

こんなとき農民たちは俗世の主権に対する抵抗の論理を「神の法」に求めた。そしてその「神の法」をないがしろにしてきたローマ・カトリック教会への痛烈な弾劾である宗教改革は、農民の生きるか死ぬかの生活権を賭けた戦いとまっすぐにつながったのである。

ところが宗教改革の提唱者マルチン・ルターの批判の矛先はあくまでもローマ・カトリックに向けられたもので、俗世の主権を突き刺すものではなかった。それどころかルターの主張は次のように展開する。

いわく、主権者とそれに属する者の共同体。これは神の摂理である。それゆえ主権者に抵抗を企てることは瀆神《とくしん》行為に他ならない。だからこそ軍人は神のご指示に従い安んじて不埒な一揆農民に鉄槌《てっつい》を下すがよい、と(『軍人もまた祝福された階級に属し得るか』)。一揆に立ち上がった農民は、ルターに梯子《はしご》を外されたも同然となった。各領邦君主は一致して農民一揆鎮圧に向かった。

もちろん鎮圧軍はランツクネヒト部隊である。ところがランツクネヒトの大半は農民出身である。権力者が狡猾に仕組んだ被支配者階級同士の凄惨な殺し合いを忌避するランツクネヒトが続々と現れた。彼らは農民軍に寝返り、自分たちの身体に染み込んだ戦闘のノウハウを教え、農民軍をランツクネヒト部隊そっくりの戦闘組織に作り変えた。自然発生的にドイツ各地で起きた農民一揆が思いの他に横の連携が取れ、領邦君主の繰り出す圧倒的物量によく抗し得たのは、彼らランツクネヒト部隊からの寝返り組のおかげであったと言われている。

それゆえ、南ドイツの農民一揆鎮圧の主役となったシュヴァーベン同盟軍の中心的人物であったバイエルン侯国の官房長レオンハルト・フォン・エックは、農民鎮圧にランツクネヒトを投入する危険を説き、むしろボヘミヤやバルカン半島の傭兵を使うべきだと主張している。

ちなみに、ボヘミヤ傭兵はマルチン・ルターに先駆けてボヘミヤで宗教改革を唱え、火《ひ》焙《あぶ》り刑に処されたヤン・フスの衣鉢《いはつ》を継いで立ち上がったフス革命（フス派戦争）戦士の流れを汲んでいる。フス革命は傭兵隊長ヤン・ジェシカの天才的組織力と軍略でしばらくは優勢を誇ったが、結局はフス派内の最強硬派タボル派と他派との内部分裂で自壊していった。

ところが、ヨーロッパの割拠勢力はボヘミヤ兵の無類の強さだけは忘れなかった。こうしてボヘミヤ傭兵はヨーロッパ傭兵市場でスイス傭兵、ランツクネヒトに次ぐ目玉商品となっていたのである。とりわけ、当時ヨーロッパ世界を侵食していたオスマン・トルコに対する戦いにこのボヘミヤ傭兵が多数、投入された。

それはともかく、農民一揆に手を焼いていた領邦君主たちは、やはり毒をもって毒を制すべしだ、という意見に傾いた。なにしろイタリアから大量のランツクネヒトが続々と戻ってきている。彼らを使わない手はない、というわけだ。

ランツクネヒトも失業を恐れた。彼らの多くはパンのために同胞を敵に回すしかなかった。ある農民団を鎮圧したランツクネヒト部隊の一人の兵士は、「俺は俺の身を守るしかなかったのだ／俺は誓約によって殿様の軍旗に縛られているのだ／おまえたち仲間を敵にしたからといって悪くは思わないでくれ！」と歌っている。こんな悲痛のリートを尻目に、抑圧された者どうしを戦わせるという権力者の常套手段はここでも圧倒的凱歌をあげた。農民一揆は鎮圧された。

サッコ・ディ・ローマ

さて、マドリッドに幽閉されていたフランソア一世はようやく帰国を許された。フランソア一世は祖国フランスの地を踏むや否や、強制された条約は批准するに及ばずというある意味では至極まっとうな理屈を掲げてマドリッド条約の破棄を宣言し、再び反ハプスブルク家の狼煙《のろし》を挙げた。これに逸早く呼応したのがローマ教皇クレメンス七世である。教皇は反ハプスブルクの神聖同盟を呼びかける。神聖同盟とはなにが「神聖」なのかはよく解らない。要するに同盟の一員にローマ教皇が入っていれば神聖同盟となるのだ。

カール五世はこれに激怒した。帝はローマ教皇懲罰軍をイタリアに差し向けた。農民戦争鎮圧後のランツクネヒト部隊にまたしても仕事が転がり込んできたわけである。

ランツクネヒト部隊とスペイン傭兵部隊からなる皇帝軍は冬のさなかにアルプスを越えた。ところが、ハプスブルク家の傭兵に対する給料支払いモラルの欠如はいまに始まったことではないが、今回は特にひどかった。凍《い》てつく雪のアルプスを越えてイタリア北部のボローニャにやってきた傭兵たちにはいまだに半月分の給料しか払われていなかったのだ。フルンツベルク率いる一万二千のランツクネヒト部隊はそれでも、「我らが父」フルンツベルクの口約束を信じていた。しかしブルボン公を総帥とするスペイン傭兵部隊には不穏な空気が漂い始めた。

一五二七年三月、ついに叛乱が起きた。スペイン傭兵はブルボン公を血祭りに上げようとしたが、公はからくもフルンツベルクの陣幕に難を逃れた。ところがこのスペイン兵の怒りがランツクネヒトに伝播した。彼らは直ちに兵士集会を開き、給料を貰わなければ一歩足りとも進まないと衆議一決する。

フルンツベルクは、「ローマで諸君は富と名誉を手にするだろう」と懸命に説得するが、兵士の怒りは収まらず、彼らはついに「我らがランツクネヒトの父」フルンツベルクに槍を向けた。その瞬間、フルンツベルクはどうと大地に倒れた。卒中である。

兵士たちは慈しみ深い傭兵隊長の突然の昏倒に息を飲んだ。だが、兵士たちは、次の瞬間、「ローマには金がある！　金だ！　ローマだ！」と叫びながら、フルンツベルクを置き去りにして、スペイン傭兵部隊と先を争うようにして一路ローマへ向かった。

一五二七年五月六日の朝、ランツクネヒト部隊、スペイン傭兵部隊、イタリア傭兵部隊の総勢二万の軍勢がローマ城壁の前に立つ。最初の攻撃で皇帝軍総司令官となったブルボン公が流れ弾にあたり戦死した。さなきだに荒れ狂う皇帝軍は指揮官を失い、完全に無統制となる。二万の攻撃軍は略奪軍に変じた。普通、略奪は三日に限るものだが、皇帝軍は血の臭いを求めて八日間にわたって「殺人と破壊の饗宴」に酔い痴れた（『ルネッサンスの歴史』モンタネッリ／ジェルヴァーゾ）。

これが、「一都市の破壊というより、一文明の破壊です」とエラスムスをして言わしめた悪名高い「ローマ略奪（サッコ・ディ・ローマ）」である。

南米にまで邪悪な戦争を輸出

「ローマ遠征。利益、一万五千グルデン」と傭兵隊長セバスチャン・シェルトリンは己の収入帳簿に書き記す。彼の書くローマ遠征とはすなわち「ローマ略奪（サッコ・ディ・ローマ）」である。チュービンゲン大学でマギスターの学位を手にしたこの異色のインテリ傭兵隊長シェルトリンは、「傭兵隊長も巧みに、非良心的にさえ立ち回れば財産を作り、金持ちになれるということ」（『中世への旅　農民戦争と傭兵』ハインリヒ・プレティヒャ）を身を持って体現させたまさしく典型的な戦争企業家であった。

彼はフルンツベルクのもとで修行を積み、やがて師を凌《しの》ぐ傭兵隊長となる。フルンツベルクのように雇い主にこだわることはしない。皇帝家ハプスブルク家の傭兵隊長にもなれば、同家の宿敵フランス王の傭兵隊長にもなる。「一文明の破壊」であるサッコ・ディ・ローマも彼のような戦争企業家にとってはまたとない稼ぎ場所なのだ。これが普通であった。むしろフルンツベルクが異常だったのである。

ランツクネヒト部隊の育成者マクシミリアン一世が、執拗に求めた皇帝家への忠誠心は傭兵隊長や兵士たちにとって紙屑も同然であった。フランス王家の傭兵になることを禁止する勅書もまた文字通り紙屑と成り果てる。ハプスブルク家がこれら不忠の兵たちを激しく取り締まり、次々と首を刎《は》ねていけば、困るのはランツクネヒトを駆使することでヨーロッパの覇権を握ろうとする当のハプスブルク家そのものであったからである。

かくしてランツクネヒトはいたるところに現れる。フランスはおろか南米にまで邪悪な戦争を輸出する。

ラテン・アメリカを征服したコルテスやピサロらのコンキスタドレスの暴虐非道は、ラス・カサスの『インディアスの破壊についての簡潔な報告』に詳しい。十九世紀になるとスペインの保守主義者は、ラス・カサスのことをスペイン人の残虐性を捏造《ねつぞう》した「黒い伝説」の創始者と非難しているが、コンキスタドレスのなした行為は決して灰色ではなく、間違いなく漆黒であった。しかしその漆黒よりもなお一層、どす黒かったのがランツクネヒト部隊の南米遠征であった。

一五二六年、皇帝カール五世はフッガー家と並ぶアウクスブルクの金融業者ヴェルザー家に対して莫大な借金との引き換えに、南米ヴェネズエラの全面的な統治権と司法権を譲渡した。

ヴェルザー家は直ちに傭兵隊長ニクラウス・フェーダーマンと傭兵契約を結び、ランツクネヒト部隊をヴェネズエラに派遣する。

このランツクネヒト部隊は、軍隊というには程遠いまったくのならず者集団であった。同胞スペイン人の五悪十逆の非道に満腔《まんこう》の怒りを覚えたラス・カサスは、ランツクネヒト部隊にそのスペイン人よりもっと凶悪な二足獣を見ることになる。「思うにドイツ人たちはこれまでに述べた無法者とも比較できないほど残酷に、また残忍極まりない虎や猛り狂った狼や獅子を凌ぐほどの無道ぶりと凶暴ぶりとを発揮して、その地方を侵略した」とラス・カサスは書いている（『インディアスの破壊についての簡潔な報告』）。

ところが、この侵略を繰り返すうちに、結局はヴェネズエラに「黄金郷（エル・ドラド）」が存在しないことに気づいたヴェルザー商会は、それにしては金のかかりすぎるヴェネズエラ経営から手を引き、同地は再びスペイン王家のものとなる。残ったのはランツクネヒト部隊の悪名だけであった。

ランツクネヒトの悪名

先に紹介した盲目の歌人イエルク・グラフのリートは、ランツクネヒトのことを「帝の下、一つの騎士団が現れいで」と歌っている。それはランツクネヒトがまるで盛期中世の騎士修道会の末裔であると言わんばかりの歌いようである。

他にも自分たちを騎士修道会になぞらえるランツクネヒト・リートがいくつもある。ランツクネヒトは「自由な勇士となって／貴族の風習に倣い／快刀乱麻を断つ」というわけだ。

騎士修道会とは事典風に言えば、修道会と騎士の身分の役割を一つにした団体で、十字軍の熱狂のうちに相次いで創設される。聖ヨハネ騎士団、テンプル騎士団、ドイツ騎士団が三大騎士団である。

こんな騎士団の後裔を名乗ることでランツクネヒトは、自分たちは神が作りたもうた三つの身分「祈る人、戦う人、耕す人」の「戦う人」になったのだと必死に思い込もうとしたのである。

傭兵部隊と修道会の間にはなんら矛盾はなかった。なぜなら例えば十一世紀末にフランスに設立されたシトー修道会には金で雇われた、派手な衣装を着飾る傭兵たちがその末席に名を連ねていたからである（『ドイツ傭兵〈ランツクネヒト〉の文化史』）。

ランツクネヒトは自分たちのことを好んで「自由な戦士」、「勇敢な戦士」と呼んだ。「勇敢な」は当時のドイツ語で「フルム」という。これは現代ドイツ語の「フロム」に当たり、「敬虔《けいけん》な」という意味を持つ。ある傭兵隊長の具足に一人のランツクネヒトが十字架の前に跪《ひざまず》き必死に祈る姿が刻まれていたのも、ランツクネヒトの狂おしいばかりのアイデンティティー探しの表れであった。

しかし南米ヴェネズエラの話を持ち出すまでもなく、「ローマ略奪（サッコ・ディ・ローマ）」でランツクネヒトの世評は定まった。

ランツクネヒトの故郷、ドイツ南西部のシュヴァーベン地方に生まれた十六世紀の神秘主義者セバスチャン・フランクはランツクネヒトを激しく弾劾《だんがい》する。

いわく、悪魔が金にまつわる耳寄りな情報を与えると言ったら、命知らずのランツクネヒトたちがそれこそわっと湧き出てくる。彼らは自分たちのことを勇敢な兵士と称しているが、それは誰も彼らのことをそう呼ぶ者はいないから、自分たちで言っているだけだ。彼らが自分たちの言う勇敢な任務を果たしたとすれば、それは口汚く罵《のの》り、首を絞め、強奪し、略奪し、騙し取ることを意味している。彼らは殺人や破廉恥なことを平気でやってのける。処女を陵辱《りょうじょく》し、傷ついた者を襲う。カード賭博やさいころ賭博に現を抜かし、酒浸りになり、女郎を買い、神を冒瀆することばをわめきちらすのだ。彼らの神はお金である。彼らは真の神に仕えるよりは、悪魔と手を結び金儲けに狂奔する。福音書を長槍で与え、平和を矛槍で願うのが彼らの商売であり、団体であり、日々の糧なのだ。どうにもならない無知と貧困と怠惰と自暴自棄と匹夫《ひっぷ》の勇を積んで、彼らはこのランツクネヒト修道会の門を叩くのだ……。

錬金術師で有名な当時の八宗兼学《はっしゅうけんがく》の大知識人パラケルススもまた容赦ない。ランツクネヒト修道会はトルコをやっつけるためにある。だがこの修道会には悪徳がはびこっている。教団とは不信心者を信仰に導くためにあるものだが、ランツクネヒト修道会は単なる殺人者集団に過ぎない、と。

このようにランツクネヒトは、いたるところで恐れられ蔑《さげす》まれる存在となっていった。その悪名は「ローマ略奪(サッコ・ディ・ローマ)」で頂点に達した。このときランツクネヒトは崩壊の第一歩を歩み始めたのである。

傭兵の売り手市場だった十六世紀ヨーロッパ

しかしランツクネヒトの崩壊の兆しが見えたのは、ランツクネヒトの悪辣非道《あくらつひどう》が世に喧伝されたからではない。逆に、人々が怯えながら彼らのことを口にすればするほど、むしろランツクネヒトの需要は高まっていった。ヨーロッパ傭兵市場は完全な売り手市場となっていた。再開された「イタリア戦役」の他に戦争は至るところで繰り返されていた。ドイツでは一五四六年、シュマルカルデン戦争が勃発する。これは一種の宗教戦争であり、ドイツの内戦であった。すなわちプロテスタント諸侯がシュマルカルデン同盟を結び、皇帝家ハプスブルク家を中心とするカトリック勢力に戦いを挑んだのである。

フランスでは一五六二年からこれまた宗教内乱であるユグノー戦争が三十年以上も続くことになる。イギリスはユグノー（カルヴァン派）を、スペインはカトリックをそれぞれ援助し、フランスに内政干渉をする。

スペインはスペインでもっと壮大な宗教戦争を戦う。ただし、これはスペイン内乱ではない。

「ペスト、狼、トルコ」。これが十六世紀ヨーロッパで恐れられていた三点セットであった。

とりわけオスマン・トルコは、スレイマン大帝のもとで絶頂期を迎えていた。その威令の前でヨーロッパはまさに「アジア大陸にくっついたちっぽけな半島」に成り下がったも同然であった。

陸から海から、トルコはヨーロッパを飲み込まんとしていた。いや、海はすでにトルコのものだった。事実、一五三八年九月、無敵オスマン海軍は神聖ローマ皇帝カール五世とローマ教皇が海運国ヴェネチアの願いを容れて派遣したキリスト教連合艦隊を、ギリシャの西岸プレヴェーサ湾頭でいともたやすく打ち破り、地中海制海権をわが物としていたのである。

父帝カール五世の後を襲いスペイン王となったフェリペ二世は、このオスマン・トルコに宗教戦争を挑んだ。スペインを盟主とするローマ教皇、ヴェネチア、ジェノヴァ、サヴォイ、ナポリ、要するにフランスを除く南ヨーロッパの連合艦隊が無敵オスマン海軍と激突したのだ。ガレー船どうしの史上最大にして最後の海戦であったレパントの海戦である。

当時の海戦はガレー船どうしが互いに接近し、接船するやいなや戦闘員を相手の船に乗り込ませ戦う。その点では本質的には陸戦と変わらない。ここにランツクネヒトを大量に雇う意味がある。ともあれ、十字（キリスト教世界）は半月（イスラム教世界）に初めてと言っていいほどの大勝利を収めた。

その他、戦いは数知れなかった。ランツクネヒトは席の暖まる暇もなくあらゆる戦場で戦った。

それではそのランツクネヒトの崩壊の兆しはどこに見えたのか？

封建軍事機構の外側にいた傭兵部隊の跋扈《ばっこ》は、封建正規軍である騎士の軍事的価値の急落と軌を一にしている。そして騎士階級の大部分を占める中小貴族は中小領主層であり、君主と領民の間に立つ中間権力者であった。大量の歩兵による戦闘隊形はこれら中間権力者の軍事権を徐々に殺《そ》いでいくことになる。こうして中小貴族は、政治的にも経済的にも没落していったのである。彼らの没落は大貴族をも巻き込んでいく。君主は封建貴族の軍事力の代わりに、傭兵部隊を駆使して徐々に国家独占を果たしていく。

そして君主たちは、「一文明の破壊」もやってのけるランツクネヒト部隊の凶暴なエネルギーをうまく利用できれば、それは君主の国家独占のエンジンとなると薄々感づいてきた。

ランツクネヒトのアイデンティティーの根幹をなしているのは「自由戦士」像である。兵士たちはよんどころない事情で傭兵稼業に身をやつしていても、ランツクネヒト部隊に身を投じるかどうかは基本的には兵士たちの意志による。ここに兵士たちの共同決定権の根源がある。軍隊史上稀に見るランツクネヒト部隊の民主制が傭兵隊長を始めとする軍当局の様々な締め付けにより単なる擬制に過ぎなかったとしても、その擬制を存続させ得るエネルギーが兵士たちにはあった。だからこそ彼らは軍当局の理不尽な命令には不服従をもって応えたのである。

こんな「自由戦士」をなんとか「忠勇戦士」に変えることができないものか。大量の歩兵による戦闘形態が功を奏するには訓練と規律が不可欠となる。この普段の訓練と規律を通して兵士に最高司令官たる主権者への忠誠心を植え付けられるのではないか。

しかし封建軍事機構に代わるこの新しい軍事力であるランツクネヒト部隊に忠誠心を植

え付けるには、なんといっても金が必要である。兵士に給料をきちんと払うことである。戦時のみならず平時にも給料を支払うことである。もちろんこれにはそれ相応の財力がなければばならない。その点でランツクネヒト部隊の育成者マクシミリアン一世とその後継者カール五世はまったく問題とならなかった。ハプスブルク家ほどランツクネヒトへの給料支払いモラルの欠如した雇い主はいなかった。そして定住身分社会で食い詰め、まさに食うためにランツクネヒト部隊に身を投じた連中が、皇帝の権威という口にしても一向に腹がいっぱいにならない訳のわからないもののために進んで命を差し出すことなど考えられなかった。

そして皇帝家であるハプスブルク家がそうなのだから、当時のヨーロッパを見渡したところ自国の軍隊を非常備軍的傭兵部隊から戦時、平時を問わず兵たちに給料を支払う常備軍的傭兵部隊へと変換させることができるほどの財政的裏づけを持った国はまだどこにもなかった。君主の国家独占がそこまで進むには、第九章で詳述するドイツ三十年戦争という未曾有の国際戦争を経なければばならなかった。

だがその三十年戦争の序曲において、当時のヨーロッパ最富裕国であったスペイン領ネーデルラントでランツクネヒト制度の根幹を揺るがす軍制改革が行われることになる。

第八章　ランツクネヒト崩壊の足音

オランダ軍制改革をした
マウリッツ・オラニエ

スペイン帝国の生命線

長槍部隊の梯形《ていけい》編成というスイス風の戦術がはっきりと流行遅れになったとき、軍制改革はネーデルラントで始まった。それはまさしく、「金のないところスイス兵なし」という言葉に象徴される傭兵部隊の本質を根底から突き崩すものであった。

ところでネーデルラントはハプスブルク領である。ハプスブルク家はたまゆらの世界帝国を築きあげたカール五世の後、帝の弟フェルディナント一世が神聖ローマ皇帝位を相続し、嫡男フェリペ二世がスペイン王となる。こうしてハプスブルク家はオーストリア、ハンガリー、ボヘミヤその他を擁するオーストリア・ハプスブルク家とスペイン、南米大陸、そしてネーデルラントを押さえるスペイン・ハプスブルク家とに系統分裂をした。

スペイン領ネーデルラントはスペインにとって打ち出の小槌であった。ネーデルラント十七州は面積からいってイタリアの五分の一に過ぎなかったが、三百五十の都市を抱え繁栄の絶頂にあった。なにしろ、世界貿易のターンテーブルと言われたネーデルラントからあがる税収は、南米大陸から本国スペインに運ばれる金銀の総額を上回っていたのだ。金銀の鉱脈はいつかは枯渇する。だが、ネーデルラントの金の水脈は滾々《こんこん》と湧き出て尽きることがない。

いずれにせよ、スペインは南米の金銀とネーデルラントからの税収に寄りかかることしか知らなかった。スペインは自国の産業を育成することを徹底して怠《おこた》り、ひたすら消費国家の道を突き進んだ。おまけにスペインは名にしおうカトリック狂信国家であった。日、没することなき世界帝国スペインに君臨するフェリペ二世はカトリックによる世界統一の完全復活の夢に取り憑かれ、フランス王国の母后カトリーヌ・ド・メディシスが約二万人の新教徒（ユグノー）を殺戮した「聖バルテルミーの虐殺」の報を受けるや快哉《かいさい》を叫び、ただちに記念貨幣を発行し、神への賛美をもってこの史上稀に見る大量虐殺を言祝《ことほ》いだ人物である。

それゆえスペインでの異端審問は苛烈を極めた。フェリペ二世は農業を奨励しながら、そのくせ、農業土木に秀でたムーア人を弾圧する。さらに、無敵艦隊建造のため無数の木を切り倒す。おかげで復元力に乏しいスペインの森は消え、沃土《よくど》は砂地と化した。さらにユダヤ人を追放したため、金融システムは破壊され、南米からの金銀はことごとく国際金融業者の手に渡った。

これはフェリペ二世の時代よりずっと下がって十七世紀の話だが、こんなエピソードがある。

フェリペ四世のとき、スペイン中部を流れるタホ川とマンサナーレス川を運河で結ぼうという計画が持ち上がった。ところがスペイン政府はこの事業の可否を神学者による協議会に委ねたのである。協議会はいみじくも、のたまった。曰く、「もしも神がこれらの川を航行可能にしようとする意図をもっておれば、神はこれらをそのようにつくっていただろう」(『スペイン帝国の興亡』J・H・エリオット)と。それゆえこの大土木事業計画はおじゃんとなる。

十七世紀になってもスペインではこんな神権政治がまかり通っていたのである。当然、民政担当官は死んだように無気力となる。それもこれも、もとをただせばフェリペ二世のカトリック盲信政治にその元凶があったのだ。

ともあれ、こんなふうに政治と経済をカトリックに隷属させたために、スペイン経済は当然のごとく破綻する。それはフェリペ二世が自ら三度にわたって破産宣告をしなければならなかったほどである。

となればスペインの生命線はネーデルラントにある。

オランダ独立戦争

江戸時代の士農工商ほどではないが、中世キリスト教社会でも商人はその経済的社会的実力とは裏腹に、ややもすれば精神的に低い地位に甘んじていた。この商人たちに、神から与えられた天職である現在の職業に励むことが神に仕えることだ、と福音を説いたのがカルヴァン派であった。この宗派が後の資本主義勃興の精神的バックボーンになったいきさつはマックス・ウェーバーの説く通りである（『プロテスタンティズムの倫理と資本主義の精神』）。

しかもルターが現世の主権を神の摂理と見て、これに刃向かうのは瀆神《とくしん》行為であると断じ、領邦君主の農民戦争鎮圧を支持したのとは違い、カルヴァンは神の栄光のためには現世の主権に対しても己の信念を貫くべきだ、と抵抗の論理を唱えた。

商業の盛んなネーデルラントはもちろんカルヴァン派に傾いた。これに対して宗主国スペインは徹底した宗教弾圧で応える。

ネーデルラント諸州に宗教裁判所を設置する。これはフリードリッヒ・シラーに言わせれば、「盲目的信仰によって理性を退化させ、生気のない画一によって精神の自由を殺すこと」を目的とする制度であり、同時に富の収奪の道具となった。異端審問にかけられた市民の財産はことごとく国家に没収されるのである（『オランダ独立史』）。

そしてフェリペ二世は弾圧の仕上げにアルバ鉄公をネーデルラント総督に送り込む。アルバ鉄公はいわゆる「流血参事会」を設立し、約一万八千人を処刑する。加えて鉄公は恐ろしい重税政策を敷く。動産不動産を問わず一パーセントの財産税、土地の名義変更には五パーセントの印紙税、あらゆる商品に一〇パーセントの消費税等々である。

アルバ鉄公の新税制が苛斂誅求《かれんちゅうきゅう》におこなわれれば、ネーデルラント経済は壊滅的打撃をこうむることになる。

一五六八年、ネーデルラント十七州のなかでとりわけ自由都市が多く集まる北部七州は、「これならばローマ教皇よりトルコのほうがまだましだ」とついに反乱の火の手を揚げた。

カトリック・スペインよりイスラム・トルコのほうがまだましである、という言い回しにはネーデルラント市民の真率な感情が表れていた。そこには、カトリックを奉ずるはずのフランス歴代諸王が「敵の敵は味方」の論理で宿敵カトリック・ハプスブルク家の東方の敵であるイスラム教オスマン・トルコと実際に気脈を通じてきた政治的駆け引き、あるいは、「トルコはプロテスタントの味方」と言わしめたほどに対オスマン・トルコ戦への参戦のたびにカトリック・ハプスブルク家から譲歩を引き出してきたドイツ・プロテスタント諸侯の功利的打算は微塵《みじん》もない。それはネーデルラント北部七州の生存を賭けた壮絶な戦いの発火点を表す言葉であった。これがその後八十年も続くオランダ独立戦争である。

独立戦争の初期の指導者は十三世紀末に神聖ローマ皇帝を一人出しているドイツの名門ナッサウ家の血筋を引くオラニエ公ウィレム一世(沈黙公)と、ゲーテの戯曲やベートーベンの序曲で後世に名を残すエグモント伯爵であった。

しかし緒戦はスペイン軍の圧倒的軍事的優勢の前に押しまくられ、エグモント伯はアルバ鉄公に処刑される。ウィレム一世はからくも鉄公の魔手からドイツに逃れ、捲《けん》土重来《どじゅうらい》を期すことになる。一五七八年、ついに彼はユトレヒト同盟を結成させ、ネーデルラント北部七州のスペインからの独立を一方的に宣言し、オランダ連邦共和国が成立する。しかし初代大統領に納まったウィレム一世は一五八四年、カトリック狂信主義者ジェラールにより暗殺される。

もちろんスペインはこの独立宣言を認めず、独立戦争は終息する気配がない。そこでオランダは沈黙公ウィレム一世の嫡男、マウリッツ・オラニエを新しい指導者に選びスペインに戦いを挑んだ。

マウリッツのオランダ軍制改革

マウリッツは独立戦争緒戦の敗因は、オランダ独立軍の軍事機構にあると見た。とりわけ独立軍の雇った傭兵はまったく頼りにならず、スペイン軍の圧倒的軍勢に恐れをなして敵前逃亡する者が後を絶たなかった。そこでマウリッツは弟のフレデリック・ヘンドリック、従兄弟のジーゲン侯ヨハンらと協力し大胆な軍制改革に乗り出した。ちなみにジーゲン侯ヨハンとは、ドイツのジーゲンにヨーロッパ初の陸軍士官学校を設立した人物である。

改革はまず、兵たちにきちんと給料を支払うことから始まる。これにより兵たちの司令官への反抗の芽を摘み取るのである。それでこそ教練と厳正な軍律をオランダ軍の柱とすることができたのである。

当地では平時のときでも三万の歩兵と二千六百の騎兵が常備され、大砲の集積所も確保されています。さらに驚くべきことには兵たちへの給料はきちんと払われており、このことが兵たちのモラル向上に役立っているのです。市民も自分たちの家が兵たちの宿舎になることを嫌がっておりません。それどころか市民たちは妻や娘を兵たちと一緒に残したまま家を留守にすることも躊躇《ためら》わないのです。

ヴェネチア共和国のオランダ駐在大使が、本国のドージェ（大統領）に書き送った報告書の一節である。ヴェネチアの大使が仰天しているように、こんな行儀のよい兵などヨーロッパのどこを探してもいない。これはマウリッツの軍制改革が功を奏し、兵士たちのモラルが著しく向上したことの証左である。

例えば戦闘に必要な土木作業に対しても、オランダ軍の兵士たちはその心構えが他の傭兵部隊とは違っていた。

当時、工兵は一段低く見られていて、ランツクネヒトなどはそんなものは俺たち自由戦士のやることではない、と塹壕《ざんごう》掘りなどには一切見向きもしなかった。工兵はランツクネヒト部隊兵士としてのステータスが与えられず、工兵隊の旗も絹ではなく亜麻布で、しかも徴《しるし》も刺繍ではなく旗に直接描かれるという粗末な代物《しろもの》であった。工兵隊の募兵では普通のランツクネヒト募兵のように「楽隊」の鳴り物つきは禁止され、ひっそりと行われたという。スイス傭兵部隊、スペイン傭兵部隊でも同じようなものだった。ところがオランダ軍の兵士たちは、進んでスコップを手にして土木作業に打ち込んだ。そしてスペイン軍は結局、塹壕を活用したマウリッツの戦術にはまり苦戦することになるのである。

さらにマウリッツはスイス風密集方陣の陣形を崩し、その代わり多くの縦列を編成するという画期的戦法を編み出した。方陣戦法には一中隊四百から六百の歩兵が必要だが、この陣形では百人程度ですむ。余った歩兵に火縄銃を持たせ「小戦闘隊」を編成し、本隊の槍歩兵隊に並んで配備した。

この縦列の戦法は、実はマウリッツの創見によるものではない。東ローマ帝国皇帝レオ三世（在位七一七～七四一年）の戦術から汲み取ったものである。レオ三世の戦術を説いた著作がその頃、イタリア語、フランス語に翻訳され、マウリッツはそれを研究したというわけである。さらには、オランダに新設されたライデン大学に招かれたリプシウスの著作にもマウリッツは抜かりなく目を通していた。なにしろリプシウスとは古代ローマの戦術を適用することを説いた当代随一の文献学者であったからである。すなわち、マウリッツの戦術は古代ローマに範を仰いだ軍事技術のルネッサンスであったのだ。

そしてマウリッツは将校階級の意義を確立する。ランツクネヒト部隊の連隊長は戦場までは馬には乗るが、いざ、戦闘が始まると下馬して兵士の列に加わり戦う。その意味では彼は指揮官ではなく第一線の兵士に過ぎなかった。

しかしマウリッツは中隊の命令系統を明確にする。中隊長が自ら指揮官になるのだ。そのために指揮官の命令が正確に伝わるように必要最低限の命令語、号令語が新しく定められた。そしてランツクネヒト中隊の約四分の一の兵員でなるオランダ軍の中隊では、命令、号令がきちんと聞こえるように厳格な沈黙が要求された。

こうしてオランダ軍は統制が取れるようになっていく。ランツクネヒト部隊やスイス傭兵部隊が千人の兵を配備するのに一時間もかかるとすれば、オランダ軍はその倍の兵をたった二十分で隊列を組ませることができたという。

ランツクネヒトは自身を騎士修道会の末裔になぞらえていたが、このことはランツクネヒトが基本的に一騎打ちを旨《むね》とする騎士の戦いの美学を尾骶骨に引きずっていたことになる。つまりランツクネヒトは自由戦士である。だからこそランツクネヒト部隊には指揮官への反抗手段を保証する兵士集会を機能させてきた。ところが、この戦いの美学の残滓《ざんし》はランツクネヒト部隊の組織的戦闘を阻害する。ランツクネヒトは、方陣を組みながらその陣形を最大限効率的に活かす多くの歯車の一つになり切れないでいたのだ。

翻《ひるがえ》って、オランダ軍兵士は「俺が俺が」の意識を極力抑え、工兵であれ、槍歩兵であれ、火縄銃兵であれ、いかにもカルヴァン派らしく、いま現在与えられている自分の兵としての仕事に励んだのである。そして言うまでもなく、このことを可能にしたのは給料のきちんとした支払いと教練と軍律の厳正な適用であった。だからこそオランダ独立軍は宗主国であり当時の超大国スペインの軍隊に一歩も引かなかったのだ。

そのスペイン軍の得意とする隊形は、一五三四年にスペインの大将軍コルドバが考案したテルシオという陣形である。それはスイス風密集方陣を数倍、分厚いものにしたもので、火縄銃兵と槍兵からなる一中隊二百五十、十二中隊計三千からなる部隊である。要するに横に百列、縦に十五列程度の槍兵がびっしりと並び、その四方を火縄銃兵が囲んで、さらに四隅に火縄銃兵密集部隊を配備するという、敵の度肝《どぎも》を抜く、見るからに壮観なまさに「動く要塞」であった。槍兵は前方に槍を構えるだけでよかった。とはすなわち防御は鉄壁であったということである。しかしそれは逆に攻撃の機動性に欠けるという致命的欠陥を持っていたことになる。例えば、部隊の方向転換は至難の業であった。そしてテルシオ後列の兵はどうしても遊兵となりがちであった。つまりこの「動く要塞」は見た目にはいかにも難攻不落であったが、実際には所々に弛緩《しかん》が見えたのである。

ところで防御を厚くした単純な陣形は、不断の軍事教練を必要としないということである。思えば騎兵の戦いの時代、騎士は軍事のスペシャリストであった。ところが大量の歩兵戦では武器の操作もおぼつかない都市プロレタリアや農村の小作人たちが傭兵となって部隊の中核をなしている。兵士たちはいわば素人であったと言ってよい。それはスイス傭兵部隊、スペイン傭兵部隊、スコットランド傭兵部隊、そしてランツクネヒト部隊でもみな同じであった。しかも、傭兵は基本的には契約期間中のみの兵であって、平時には失業する。軍事訓練などあるはずがない。それゆえ傭兵部隊は個人的戦闘力の集団に、もっと悪く言えば烏合の衆に過ぎなかったのである。そんな傭兵部隊の兵たちは戦闘では恐怖に駆られ、ただ闇雲に槍を突くだけである。こうしたいわば素人の集まりの戦いには、たいした訓練も必要としないテルシオ陣形は理想的だったのかもしれない。

歩兵、騎兵、砲兵の確立

しかしマウリッツの軍制改革が目指したものは、当時の歩兵戦を歩兵のプロによる戦いに変えることであった。指揮官の命令に一糸乱れず、迅速に行動する戦闘集団の形成である。そのための不断の軍事訓練と厳しい軍律であり、給料の永続的支払いであったのだ。こうしてオランダ軍歩兵はプロの歩兵部隊となっていく。

騎兵もまた然りであった。オランダ軍の騎兵は決して騎士ではなかった。単に馬に乗る兵士であった。重装備の甲冑を脱ぎ、騎士の槍を捨て、代わりに剣と小銃を武器にして、ひたすら大きな戦闘集団の一つの歯車に徹する兵士であった。

マウリッツは砲兵隊の改革にも着手する。当時、砲兵は工兵同様に歩兵から色眼鏡で見られていた。差別されていたと言ってもよい。ランツクネヒトのなかには砲兵を悪魔の手先と見る者さえいたのである。要するにランツクネヒトから見て砲兵の連中はいかにも胡《う》散臭《さんくさ》かったのだ。それは砲兵隊が特殊な閉鎖集団を形成していたからでもある。

言うまでもなく砲術は特殊技術である。ランツクネヒトのように昨日まで犂、鍬を持っていた奴が長槍を手にしたとたん一人前のランツクネヒトでござい、というわけにはいかない。砲術手になるには高度な専門知識と修業が必要であった。砲兵隊は専門家集団であり、秘密結社のような性格を持つ一種のツンフト（同業組合）を結成していた。当然、砲術は門外不出でツンフト内の親方、職人、徒弟という厳格な徒弟制度でのみ伝えられていた。彼ら砲兵隊は自分たちのツンフトの祖を、一三八八年、火薬の発明の廉《かど》で処刑されたとされる、伝説的なフランシスコ会修道士ベルトルト・シュヴァルツに仰ぎ、自分たちの砲術をやたら秘密めかした言動で覆い隠していたのである。しかも彼らには略奪優先権や特別手当、ランツクネヒト部隊の憲兵も手を出せない独自の裁判権といった様々な特権がついてまわる。これがランツクネヒトにとっては面白くないことこの上なかったのである。

帝国都市ニュルンベルク市は十四世紀末に重量四千三百キロで二百七十五キロの弾丸を発射するカノン砲を持っていたというが、輸送には馬十二頭が必要であった。このように大砲の最大の欠点はその重量と砲兵隊の極端な閉鎖性にあった。ところが十五世紀半ばに姓名不詳のドイツの砲術手が、禁を破って火薬製造、大砲鍛造《たんぞう》、装塡、照準、発砲の技術について著した『火器読本』が十六世紀に印刷され世に広く出回るようになる。

マウリッツは大砲の重量の軽減化と砲兵隊の特殊閉鎖的性格の払拭《ふっしょく》につとめ、歩兵、騎兵、砲兵の三兵を横並びにし、これらの相乗効果を生む効率的軍隊を確立しようとした。

オランダの躍進

かくしてオランダ共和国（ネーデルラント北部七州）は対スペイン戦に連戦連勝を重ね、スペイン領ネーデルラント（南部）にまで侵攻する。

加えて一五八五年以来、イギリスのエリザベス女王が公然とネーデルラント北部七州を支援するようになる。これに掣肘を加えるべくスペイン王フェリペ二世は一五八八年、百三十一隻二万四千人の兵を擁する無敵艦隊（アマルダ）を進発させる。そしてこれを迎え撃つのが拿捕私船《だほしせん》の船長で名を馳せたドレイク海将であった。

拿捕私船とは要するにイギリス政府公認の海賊船であり、その船長は海上傭兵部隊連隊長と言ってもよい。この歴戦の海の傭兵隊長ドレイクは、暴風雨をも巧みに味方につけ無敵艦隊を完膚なきまで撃破する。スペインは制海権を失う。オランダ、イギリスはスペイン、ポルトガルの独占状態であった東洋航路に楔《くさび》を打ち込むことができたのである。

スペインの最盛期と衰退期を同時に招来させたカトリック狂信王フェリペ二世の生涯は一五九八年に終わる。これはちょうど豊臣家滅亡を暗く予感しながら逝った関白豊臣秀吉の没年と同じである。東洋貿易に乗り出した新興国オランダは、秀吉の死により風雲急を告げる日本にも船先を向ける。

フェリペ二世と豊臣秀吉がそれぞれの華麗な生涯を終えたその年に、ロッテルダム港を出港したオランダ船リーフデ号は一六〇〇年、豊後《ぶんご》国臼杵湾に漂着する。乗員には後に徳川家康の外交顧問に納まる三浦按針・ウイリアム・アダムズや東京は八重洲の名のもととなったヤン・ヨーステンがいた。

このリーフデ号漂着事件は、後のオランダによる日本貿易独占の足がかりとなっている。オランダのスペインからの独立戦争が、回り回って日本の歴史にも若干の影響を与えたというわけである。

勢いに乗るオランダは国策会社オランダ連合東インド会社を設立し、東洋進出の足場を固めた。この世界最初の株式会社は三千隻の船を擁する軍事会社でもあった。そして東インド会社の擁するオランダ軍艦は、西インド諸島からのスペイン向けの船を奪い金銀を強奪する。スペイン軍はネーデルラント南部に留まる兵たちの給料にも事欠くことになる。

オランダがスペインから名実ともに完全独立を果たすのは時間の問題であった。

しかしオランダ独立は、スペイン、オランダ二国間の問題では済まないというのがヨーロッパ事情である。このことはヨーロッパの勢力地図に多大な影響を与えずにはおかない。スペイン、神聖ローマ帝国、フランス、イギリス、ローマ教皇が一枚も二枚も噛んでくる。こうして未曾有の国際戦争であるドイツ三十年戦争の舞台が出来上がっていく。

マウリッツの軍制改革はオランダ一国では成功したかもしれない。これにより古代オリエント以来の最も基本的軍事制度の一つであった傭兵軍隊は崩壊の道を進んだかもしれない。しかしあらゆる制度の変化がヨーロッパ全土にわたって同時進行的に進むわけではない。ヨーロッパ各国において傭兵軍隊は依然として軍事機構の中心をなしたままでいる。

そしてこれから始まるドイツ三十年戦争とは、史上空前の数の傭兵が投入された戦争であった。

マウリッツの軍制改革がヨーロッパ各国に浸透し、やがて国民軍が成立するのはまだまだ先の話であった。

第九章　国家権力の走狗となる傭兵

軍制改革の完成者
スウェーデン王
グスタフ・アドルフ
（ピッティ美術館蔵）
（写真＝WPS）

ドイツ三十年戦争と絶対主義国家の成立

参加国総数六十六ヵ国。スイス、ポルトガル、ヴェネチアと戦争にあまり関係のなかった諸国も使節を送ってよこした。各国代表者の席次を決めるのに約半年もかかったこの国際会議は、なんと四年の長きにわたって断続的に続けられ、一六四八年十月二十四日、ようやく和平条約の署名がなされ、ドイツ三十年戦争の決着がつけられる。世に言うウエストファリア条約の締結である。

すなわちドイツ三十年戦争とは、全ヨーロッパを巻き込んだ紛れもない国際戦争であったということである。だとすれば、当時のヨーロッパ各国の軍事機構の中核を担っていた傭兵制度も、この戦争の影響をまともに被《こうむ》ったことになる。

ドイツ三十年戦争の宗教的政治的経済的背景とその経過と、ウエストファリア・システムと呼ばれる三十年戦争後に確立されたヨーロッパ独特の国際システムの細かい分析は他書に譲るとして、ここでは次のことだけを確認しておきたい。

十七世紀初頭において、通例、神聖ローマ帝国（ドイツ）、イギリス、フランス、スペイン、スウェーデン、デンマーク等々と呼び習わされていた国家は、国王と大貴族、高位聖職者、都市貴族たちとの共同支配、すなわち二重権力構造によって統治されていた。国家はこれら諸権力の連合体であったのである。

そして三十年戦争は結果的にはこの「諸権力」という言葉から「諸」を取り除く戦争となった。国家を分権的に支配していた中間権力者たちはこの戦争で没落を早めた。そのため「諸権力」が「一権力」となり王の国家独占が進み、絶対主義の時代がやってくる。このときヨーロッパ各国は国家としてのアイデンティティーが形成され、やがて国民国家に変質していく土壌が出来上がっていったのである。その意味で、三十年戦争は宗教戦争という側面もさることながらヨーロッパが絶対主義国家を作りだすための戦争であった。

ところで絶対主義は軍に対して国王への絶対的忠誠心を要求する。つまり三十年戦争はそれまでの忠誠心とは無縁の傭兵軍隊を絶対主義国家、そして近代国家の軍隊に作り替える戦争でもあったのだ。すなわち国王の、あるいは国王に象徴される国家の権力遊戯のために多数の人々の命を投入することは至極当然とする観念を生み出す戦争であったのだ。

ボヘミヤの反乱

三十年戦争といっても、三十年間のべつ幕なしに戦争が続いたというわけではない。当時の経済力からいって、戦争続行能力は五年が限度であったと言われている。三十年間に十三度の戦いと十度の平和条約が結ばれた。それゆえ十七世紀の歴史家は三十年戦争の一つ一つを別々に見ており、「戦争」という語を複数形で表示したのである（『三十年戦争の新しい解釈』ジークフリート・ヘンリー・シュタインベルク（邦訳なし）。

「三十年」という語と「戦争」という語の単数形がドッキングし、「三十年戦争」なる合成語が誕生したのは十七世紀末であった。ここから三十年戦争とは一六一八年のボヘミヤ反乱から始まり、一六四八年のウエストファリア条約で終結するという図式が出来上がったのである。

この図式をさらに細かく見ると、三十年戦争は次の四期に分けて見ることができる。

1　ボヘミヤ・プファルツ戦争（一六一八～二三年）
2　デンマーク戦争（一六二五～二九年）
3　スウェーデン戦争（一六三〇～三五年）
4　フランス戦争（一六三五～四八年）

このうち少なくとも第一期のボヘミヤ・プファルツ戦争は宗教戦争の様相を呈していた。プロテスタント勢力の強いボヘミヤ議会は、イエズス会に育てられたガチガチのカトリック主義者であるハプスブルク家のボヘミヤ王フェルディナント二世を廃位した。フェルディナント二世は、皮肉にも神聖ローマ皇帝に即位したと同時に、ボヘミヤ王位を剝奪されたのである。そしてボヘミヤのプロテスタント貴族は、フェルディナントに代わるボヘミヤ王にプロテスタント諸侯の軍事同盟・ユニオン（新教徒連合）の指導者、プファルツ選帝侯フリードリッヒ五世を推挙した。

これに対してボヘミヤと隣接する神聖ローマ帝国の大藩バイエルンは脅威を感じた。バイエルン侯マクシミリアンはユニオンに対抗するカトリック諸侯の軍事同盟・リーグ（旧教徒連盟）の首魁でもあった。そしてなによりも皇帝家であり、ボヘミヤ王家であり、ハンガリー王家でもあるハプスブルク家にとっては、ボヘミヤ・プロテスタント貴族の行為は言うまでもなく許されざる反逆であった。

オーストリアを始めとするハプスブルク世襲領内でのプロテスタント陣営の抵抗に手を焼いていた皇帝フェルディナント二世は、親戚のスペイン・ハプスブルク家に軍事援助を求める。一方、スペインはボヘミヤ王位を簒奪したプファルツ選帝侯の本領地ライン河畔をスペインの影響下に置きたい。ここはオランダ独立戦争鎮圧のための格好な兵站地となるからだ。

こうしてプロテスタント側のボヘミヤ、プファルツ連合軍と皇帝家ハプスブルク家、バイエルン侯、そしてスペイン・ハプスブルクのカトリック軍が対峙することになる。まさしく、ボヘミヤの反乱はカトリック、プロテスタント双方ののっぴきならない宗教戦争であった。

しかし実際の戦闘を担う傭兵たちにとって宗教はどうでもよかった。傭兵たちにとって戦争こそが唯一生きる糧であり、宗教がどうのこうのとは言ってはいられない。それは傭兵隊長も同じだ。

例えばボヘミヤ新教徒反乱軍総勢二万一千のうち、一万有余を率いる傭兵隊長マンスフェルトは生まれながらのカトリック教徒であった。だが、宗教は関係ない。ボヘミヤ反乱は彼にとってまたとないビッグビジネスチャンスである。伯爵家の庶子という出自からのし上がるために彼は迷うことなくプロテスタント陣営の傭兵隊長となった。「甲冑をまとった乞食」という悪名を取る彼はいかにも傭兵隊長らしい。

「甲冑をまとった乞食」

さて、ボヘミヤ新教徒反乱軍は皇帝軍、バイエルン軍、スペイン軍の連合軍にあっけなく負けた。傭兵隊長マンスフェルトの傭兵契約も打ち切られる。しかし彼は残兵をそのまま率いる。それどころか、イギリスの援助でさらに兵を増やし総計二万の軍を擁し、比較的平和が続き、富の蓄積がなされていたカトリック圏のアルザス・ロレーヌ地方に駒を進めたのである。しかしそれではマンスフェルトは、これらの兵たちをどうやって食わせるのか？

傭兵契約が切れ、除隊となった兵たちが生きていくために放火、追いはぎ、強盗、人殺し、略奪とありとあらゆる悪事を行い社会不安を引き起こすようになってからすでに百年を優に越えている。だがそれら除隊兵士の群れは、多くてせいぜい二十から三十の集団に過ぎない。彼らの暴虐非道の対象となる農民たちは運がよければ、食料や金目のものを巧妙に隠匿し、自分たちは森に逃げ込みじっと首をすくめて嵐の過ぎ去るのを待つこともできなくはなかった。グリンメルスハウゼンの『阿呆物語』は、この辺の哀しく悲惨な事情をやや戯画的に描いている。いずれにせよ、自暴自棄となった除隊兵士たちの略奪は個人的なスケールに留まっていた。

ところがマンスフェルトは、これらの略奪行為を二万の軍隊として組織的に行ったのである。しかもそれは当時の軍隊に認められていた戦勝後の三日間に限る略奪の権利もへったくれもなく、日常的に繰り返し行われたのである。マンスフェルト軍の戦う相手は最初から都市や農村の非戦闘員であった。

彼らは通りすがりに、あたかも宣戦布告した戦争におけるかのように、出くわした者を皆殺しにし、村々を焼き払い、娘と主婦を犯し、教会を荒らし、祭壇を打ちくだ

き、金目と思われるものは一切合財持ち去り、前代未聞の大悪行の数々を行った（『ルネッサンスの謝肉祭』成瀬駒男）

と、当時の史料は語っている。

マンスフェルト軍の通った後は、ぺんぺん草も生えないと言われた。そして兵たちは、傭兵隊長マンスフェルトにびっくりするぐらい従順となった。なにしろ、マンスフェルト軍にいる限り兵たちは確実に食える、それどころか幾ばくかの小金を摑《つか》むこともできるのだ。その代わり傭兵隊長に少しでも逆らえば、たちまち隊を追い出される。かつて軍人服務規程は連隊長と兵士集会の間で取り交わされ、兵士の要求で若干の修正も加えられていた。しかしいまや、軍人服務規程は連隊長から兵たちに一方的に通達される軍律となった。マンスフェルトは兵士集会の存在を徹底して無視した。彼はかつてないほどに広範囲なかつ徹底した略奪行為そのものを戦闘行為と捉え、それを最大限効率的に推し進めるために兵たちを激しい軍律で縛り上げたのである。兵たちも確実に手に入る食料と小金と引き換えに、ランツクネヒト部隊の根幹をなしていた共同決定権を売り渡し、自由戦士としての自分たちのアイデンティティーを失っていった。

そして、このマンスフェルトのやり口をもっとはるかに大規模に行い、あげくには略奪行為という兵たちの凶悪犯罪そのものを効率的な合法的収奪機構へと変質させたのが、史上最大にして最後の傭兵隊長ヴァレンシュタインであった。

十五万の軍を組織した傭兵隊長

三十年戦争は第二期のデンマーク戦争へと移る。

緒戦で勝利を収めた皇帝フェルディナント二世は、ボヘミヤとハプスブルク世襲領内のプロテスタント貴族に血の粛清を行い、彼らの持っていた中間権力を根こそぎ奪い取り、権力独占を果たしていく。そしてその勢いを駆って、帝国内全土における皇帝権力の確立を目指したのである。

その象徴としてフェルディナントは、プファルツ選帝侯フリードリッヒ五世の選帝侯位を剝奪し、それをボヘミヤ鎮圧に貢献したバイエルン侯マクシミリアンに与えたのである。

この選帝侯位移籍は帝国法上、大いに疑義のあるところだった。

選帝侯家とは一三五六年、時の皇帝カール四世が発布した金印勅書以来、帝国内において徳川幕藩体制の御三家に匹敵する特別の地位を占める家柄であった。このような排他的主権を認められた地位を皇帝が、帝国議会にも諮《はか》らず勝手に処理する。皇帝にそんな権限があるのか、これでは皇帝独裁に等しいという声が帝国諸侯のなかで澎湃《ほうはい》と沸き起こる。

戦いに敗れ、わずか一冬のボヘミヤ王に終わり、あげくには選帝侯位を剝奪されたプファルツ選帝侯フリードリッヒも、スペイン・ハプスブルク家と手を結んだ皇帝家オーストリア・ハプスブルク家の権力独占の危険を帝国内外に訴え、たちまちに兵を集めた。さらにはフランス、イギリス、オランダ、スウェーデンの後押しを受けてデンマーク王クリスチャン四世が直接参戦してきた。こうしてフェルディナントの選帝侯位移籍の断行は、三十年戦争を第二ラウンドに押し込んだのである。

このときデンマーク王を中心とするプロテスタント陣営の主力をなしたのが、かのマンスフェルトに率いられた悪辣蝗《いなご》軍隊であった。一方、カトリック軍の総帥は猛将ティリーである。

ティリーはバイエルン侯に仕える将軍で、軍の編制はバイエルン侯が頭目のリーグ（旧教徒連盟）の金庫からの資金でなされている。その意味でティリーはマンスフェルトのように自らの才覚で軍を編制し、それをユニオン（新教徒連合）に売りつけるという傭兵隊長本来の戦争企業家としての面は極めて希薄であった。むしろ、絶対主義時代に採られた常備軍的傭兵軍制時代の将軍＝軍人貴族に近い存在であった（『傭兵隊長ヴァレンシュタインと国家権力』中村賢二郎）。

さて、そのティリーはプロテスタント軍を一気呵成に殲滅させようと、主君バイエルン侯を通じて、カトリック軍のさらなる増強を皇帝フェルディナントに訴える。

皇帝の答えは至極簡単で、「金がない」の一言であった。

事実、皇帝には金がなかった。金がなければ軍は編制できない。しかし皇帝の金庫、すなわち公金に頼らずに広く民間から掻き集めた金で軍を編制しそれを皇帝に提供するという人物が現れた。

ボヘミヤの小貴族の出で、ボヘミヤ反乱の際、逸早く皇帝側につき、頭角を現したヴァレンシュタインである。

ヴァレンシュタイン

ヴァレンシュタインは五万の兵力の提供を申し出た。これはとても一傭兵隊長のなせる業《わざ》ではない。さらに彼は皇帝軍総司令官になると、自らの才覚でなんと十五万の軍を編制するようになる。いったい、どこにそんな金があるのか?
民間投資家がいたのである。ボヘミヤの金融シンジケートの代表者であるユダヤ資本家ヤーコプ・バッセヴィ・フォン・トロイエンブルクの名が挙げられる。しかしなんといってもオランダの銀行家ハンス・デ・ヴィッテの資金調達力がものを言った。これらの資金でヴァレンシュタインは軍を速やかに編制する。布地、靴、鞍、馬勒《ばろく》、馬、マスケット銃、火薬、弾丸等々の装備は彼が自分の領地に経営しているマニュファクチュアがフル操業で提供する。つまりヴァレンシュタイン軍は武器商人の納期に左右されることはなかったのだ。しかも装備の統一がかなり進んだことになる（『ドイツ傭兵〈ランツクネヒト〉の文化史』）。

しかしヴィッテを始めとする海千山千の金融業者たちは、なぜかくも莫大な資金を投資したのだろうか？　資金回収の目処《めど》はあったのか？

ヴァレンシュタインは、「戦争は戦争で栄養を摂《と》る」という単純にしてなおかつ効果的な資金回収方法を発見する。すなわちマンスフェルト軍が行った日常的略奪をその数倍の規模で行ったのである。しかもこれは単なる略奪ではない。

ヴァレンシュタインは兵力提供と引き換えに、皇帝フェルディナントから占領地における徴税権を手に入れた。この皇帝のお墨付きにより、軍の非合法的恒常的略奪は合法的恒常的戦争税に化けるのだ。いわゆる軍税である。ヴァレンシュタインはこの軍税システムを財政原理とした。

ヴァレンシュタインの軍税は苛斂誅求を極めた。宿営地の住民に兵士の給料を賄《まかな》える額の税金を割り当てる。連隊長が募兵する金を捻出するために、閲兵場にあたる地方にも税金を課す。さらには閲兵地、宿営地に指定された都市や村が兵士たちの略奪を恐れ、その免除を願い出ると、これを許す代わりに免除税を取り立てた。しかもこの軍税は皇帝のお墨付きをはるかに越えて占領地以外にもかけられたのである。ヴァレンシュタインは皇帝に許可を求めず自らの名において自軍の赴くところすべての土地で軍税徴収の命を発するのだ（『傭兵隊長ヴァレンシュタインと国家権力』）。

ヴァレンシュタイン軍の通過する村落や都市は、自分たちの殿様であるドイツ諸侯に不平を訴える。

ドイツ諸侯とて、自領内で皇帝の一介の傭兵隊長が断りもなく勝手に税を取り立てる行為は自分たちの主権をないがしろにされたも同然であり、とても見逃すことはできない。

しかしヴィッテラ金融業者たちの先行投資がここにきて功を奏し、ヴァレンシュタイン軍は雪だるま式に軍勢を広げ、十五万の兵を数えるようになる。こうなれば選帝侯を始めとしてどんな有力諸侯もヴァレンシュタインの軍税徴収に反対できなくなってきたのである。

そしてヴァレンシュタインの軍に飛び込んだ傭兵たちは臨時雇いではなく、解隊の危機に怯えることなく、武器も統一され、軍当局からの支給となり、あたかも常備軍の兵士のような境遇に恵まれた。それゆえ兵士たちはかつてのランツクネヒト・自由戦士の面影は薄れ、ヴァレンシュタインに従順となり、厳しい軍律にも耐えるようになってきた。

こんなヴァレンシュタイン軍には、イタリア、ネーデルラント、フランス、スペイン、スコットランド、アイルランド、ハンガリー、ポーランド、ボヘミヤとヨーロッパ各国から傭兵志願者が群れをなしてやってきた。おかげでドイツ兵は少数派になったぐらいである。そして見事なほどの混成軍のため、命令はもっぱら太鼓で行われた。

ヴァレンシュタインの皇帝軍とティリー率いる旧教連盟軍はその圧倒的軍勢でデンマーク王クリスチャン四世をドイツから放逐する。マンスフェルト軍も壊滅させられ、マンスフェルト自身もやがて命を落とすことになる。

三十年戦争の第二ラウンドにも勝利した皇帝フェルディナントは、神聖ローマ帝国史上空前の皇帝独裁権力を握ったかに見えた。

しかしその皇帝フェルディナントの権力の基盤である圧倒的大軍は、皇帝の軍隊ではなく、あくまでも傭兵隊長ヴァレンシュタインの私兵であった。それが証拠に、一人の将校がヴァレンシュタイン軍のしかるべき地位につくべく皇帝の推薦書を携えてヴァレンシュタインの前に現れたとき、ヴァレンシュタインは幕僚たちを集めて「諸君、私は諸君のうちの誰かを殺さなければならない。この御仁を中隊長にするにはだれかひとり死んでもらわなければならないのだ」と痛烈な皮肉を飛ばし、その皇帝御声掛りの将校候補生にお引取り願ったのである。

そして、その私設軍隊が皇帝の与えた軍税徴税権のお墨付きを拡大解釈し、ヴァレンシュタインの名のもとで行使している。それゆえ莫大な軍税収入は皇帝の金庫ではなく、ヴァレンシュタインの懐に直接収まることになる。

これは皇帝にとっては一つ間違えればゆゆしき事態である。ヴァレンシュタイン軍がいつまでも皇帝に忠実だという保証はない。傭兵部隊である限り、いつなんどきでも皇帝に反旗を翻してもおかしくはないのだ。その意味でヴァレンシュタインは、皇帝にとってまさに諸刃《もろは》の剣であった。

皇帝フェルディナントは、ヴァレンシュタインの抱える大軍に薄気味悪さを感じる。ヴァレンシュタインの導入した軍税システムは、皇帝自ら管理しなければならない。そうして初めて軍税収入は皇帝の金庫に入り、その金で編制された軍は文字通り皇帝軍となり、皇帝は絶対権力を手に握ることができるのだ。

一方、皇帝とともにプロテスタント勢力と戦ってきたバイエルン侯をはじめとするカトリック諸侯は、しだいに権力が皇帝に集中していくことに危惧を覚え始める。もとより彼らにしてみれば皇帝独裁は望むところではない。そこで彼らは皇帝の切り札であるヴァレンシュタインの罷免《ひめん》を強く迫った。

こうして皇帝とカトリック諸侯の思惑が微妙なところで一致して、ヴァレンシュタインは皇帝軍総司令官の職を解かれる。

だがしかしこのような罷免劇を演じられているのも、カトリック陣営がプロテスタント勢力に対して連戦連勝を納めていたからである。一度、戦況が変わればこうした内輪もめはカトリック陣営の命取りになりかねない。そして事実、三十年戦争の戦況をがらりと変える事態が起きた。

スウェーデン王グスタフ・アドルフの参戦である。三十年戦争は第三ラウンドに突入する。

グスタフ・アドルフの軍制改革

スウェーデン王グスタフ・アドルフは、オランダのマウリッツ・オラニエが推し進めた軍制改革の完成者と言われている。

まずグスタフ・アドルフは当時、百万程度の人口であったスウェーデン王国において他に先駆けてヨーロッパ近代の最初の徴兵制を敷いた。一六二〇年のことである。

スウェーデン各地域の集会所に、十五歳以上の男児が十人一列になって整列させられる。

徴兵官が各列十人の中からそれぞれ一人を選ぶ。たいていは十八歳から四十歳ぐらいまでの屈強な農夫であった。彼には衣服と武器が支給される。その費用は選ばれなかった残り九人から徴収される一律徴収金で賄われた。選抜された男たちは地域ごとに組織される連隊に集められ、出征前に厳しい訓練を受けることになる(『グスタヴ・アドルフの歩兵』リチャード・ブレジンスキー)。

まさしく武器も制服も官給の徴兵制常備軍であった。戦時のみに召集されたスイス軍と違い後のヨーロッパ国民軍に近い軍隊と言ってよいだろう。毎年平均一万人が召集され、一六二七年には十三万五千の兵力となる。

しかし当時のスウェーデンの人口は百万程度である。そこに十三万の徴兵軍である。これでは働き盛りの壮年男子がスウェーデン各地域から払底することになる。農村は深刻な打撃をこうむり、反乱を起こす。そこでやむを得ず外国の傭兵部隊を雇い兵員の欠員を補うことにする。

この傭兵の募兵はランツクネヒト部隊と同じで、スウェーデン王グスタフ・アドルフが傭兵隊長に募兵特許状を交付し、連隊編制は傭兵隊長に任せるシステムである。傭兵はほとんどがドイツ人だったが、フランス人、オランダ人、イングランド人、スコットランド人、アイルランド人も多く混じっていた。とくにスコットランド人の多くは将校を務め、ドイツ人傭兵やスウェーデン徴兵部隊を指揮下に置いていた。

だがなんといってもスウェーデン軍の中核は、十万を越す訓練の行き届いた徴兵制常備軍である。

歩兵中隊は兵員百五十。横六列から八列の隊形を取る。これに加えて火器の充実があった。

マスケット銃の軽量化もさることながら砲兵隊の充実が大きい。兵士三人で運べる四ポンド砲をつくり、それまで攻城戦にしか用をなさなかった大砲を野戦に投入した。騎兵も小銃騎兵から抜刀突撃騎兵に改編する。スウェーデン軍には歩兵、騎兵、砲兵、「三兵」の兵科がそろったわけである。こういう軍隊は強い。

このような当時のヨーロッパ最強の軍隊を抱えたスウェーデンは一六三一年、フランスと「ベールヴァルデ条約」を結ぶ。

条約内容はカトリック皇帝軍の攻勢で苦境に陥った北ドイツ・プロテスタント諸侯を救うために、カトリック・フランス王国の資金でスウェーデンがドイツに侵攻するというものであった。面妖《めんよう》な話であることは言うまでもない。

スウェーデンにしても、三十年戦争第二ラウンドにも勝利した皇帝家ハプスブルク家が北ドイツに覇を唱え、バルト海制海権を狙って帝国バルト艦隊建造を宣言したことは黙って見過ごすわけにはいかなかった。スウェーデンの国庫を支える大きな柱は重商主義的バルト海政策である。

バルト海の死守を底にして、「余は征服するためにではなく、信仰の敵を追い払うためにやってきた」とグスタフ・アドルフはカトリック・フランスの金でプロテスタント解放の大義名分を掲げ、三十年戦争に参戦してきたのである。

レッヒ会戦で進撃するスウェーデン軍

グスタフ・アドルフの死とヴァレンシュタインの暗殺

グスタフ・アドルフのドイツ侵攻は戦況の形勢逆転をもたらした。

ヴァレンシュタインは故郷ボヘミヤに蟄居《ちっきょ》している。その隙を狙ってスウェーデン軍は快進撃を続ける。もちろんこの頃になると、スウェーデン軍と言っても傭兵が半分以上を占めることになる。いずれにせよプロテスタント勢力は息を吹き返した。そして一六三一年九月十八日、ライプツィッヒ近郊で三十年戦争最大の大会戦「ブライテンフェルトの戦い」が行われる。

この史上名高いブライテンフェルトの戦いの戦況は他書に譲るとして、スウェーデン軍は勝ちに勝った。この頃になって漸く旗幟《きし》を鮮明にしたルター派の牙城ザクセン選帝侯国軍一万六千を友軍にしてスウェーデン軍二万三千は皇帝軍三万六千を完膚なきまでに打ちのめした。皇帝軍の死傷者一万二千、対するにスウェーデン軍はわずか二千に過ぎない。皇帝軍七千が捕虜となる。記念貨幣まで発行され、スウェーデン軍、すなわちプロテスタントの大勝利であった。

敗将は罷免されたヴァレンシュタインの後を襲って皇帝軍総司令官となったティリーである。ティリーは続くレッヒの会戦でもスウェーデン軍に敗れ、自ら命を落とす。スウェーデン軍は破竹の勢いで南進し、皇帝の本拠地ウィーンに肉迫する。

皇帝フェルディナントは慌てた。この戦況を打開するには、ヴァレンシュタインの再召喚しかない。皇帝はいわば膝を屈した形でヴァレンシュタインに皇帝軍総司令官復帰を願う。

一方、ヴァレンシュタインには野心があった。ヴァレンシュタインは傭兵隊長から大国ミラノ公国の主権者に成りあがったフランチェスコ・スフォルツァのように自分の国盗り物語のシナリオを描く。そのためにヴァレンシュタインは、様々な特権を皇帝から引き出し皇帝軍総司令官に復帰する。

グスタフ・アドルフとヴァレンシュタインの激突は一六三二年十一月十六日、ライプツィッヒ南西二十四キロにある小都市リュッツェンで行われた。

スウェーデン軍は大勝した。しかし勝者スウェーデン軍に激震が走る。戦いすんで日が暮れた頃、グスタフ・アドルフの亡骸《なきがら》が見つかったのである。

王自らが戦闘の最中に命を落とすことは、近世に入っては極めて稀なことである。それゆえ、王の戦死として近世軍事史に一等光輝を放つグスタフ・アドルフの死は、直ちに彼の神話を生み出した。そしてその神話こそが三十年戦争をさらに長引かせることになったのである。

一方、グスタフ・アドルフの死で自身のリュッツェン会戦の敗戦を帳消しにした形のヴァレンシュタインは、皇帝軍総司令官復帰の際に皇帝フェルディナントからもぎ取った様々な特権、軍の全権、和平交渉権、条約締結権等々を駆使して奇妙な動きを見せ始める。

すなわちヴァレンシュタインは、王グスタフ・アドルフ亡き後も宰相ウクセンシェルナのもとにドイツに留まるスウェーデン軍と秘密裏に和平交渉を始める。スウェーデン側の条件はヴァレンシュタインの皇帝からの離反である。この交渉は失敗に終わった。するとフランスから話が持ちかけられてきた。皇帝から離反すればヴァレンシュタインにボヘミヤ王位を保証するというのだ。ヴァレンシュタインがこの話に飛びついたかどうか、真相は藪の中にある。しかし交渉は行われ、その噂が流れたことは確かである。

これだけで少なくとも皇帝サイドから見れば、ヴァレンシュタインの行為は裏切りに見えた。皇帝はヴァレンシュタイン暗殺の指令を出す。そしてそれは一六三四年二月二十五日、びっくりするほどにいとも簡単に実行される。

ヴァレンシュタインは重大な過ちを犯していた。彼は軍の全権を握っていたが、その軍は罷免される前の第一次皇帝軍総司令官時代と違って、彼の私兵では決してなかった。兵はヴァレンシュタイン自身によって募兵されたのではない。このときの軍の編制はハプスブルク世襲領にかけられた軍税で賄われたのである。皇帝はヴァレンシュタインの創設した軍税制度を利用し、自前の軍を編制し、その指揮を皇帝軍総司令官ヴァレンシュタインに任せたに過ぎない。軍の主権者はあくまでも皇帝であった。とすれば、ヴァレンシュタイン麾下《きか》の諸将は皇帝の意向に従う。暗殺がたいした抵抗もなくあっけなく行われた理由である。

つまり、ヴァレンシュタインの創設した軍税制度は、傭兵隊長が私企業の戦争企業家として勝手に振舞うことを許さなくなったということである。傭兵隊長は自立性を失い、公権力の一使用人に成り下がった。

傭兵隊長が戦争企業家としての側面を失い、純粋に軍事的機能だけを振り当てられるようになれば、その傭兵隊長への民間の資金提供者は多大な損害をこうむることになる。ヴァレンシュタインの最大の資金調達者であるオランダの銀行家ハンス・デ・ヴィッテは、ヴァレンシュタインが第一次皇帝軍総司令官を罷免されたときから苦境に陥った。なにしろ入るべき軍税がヴァレンシュタインの懐に入ってこず、彼に貸した総額五十万グルデンの債権が焦げ付いたのだ。ビジネスマンとして失敗したヴィッテは自殺する。そしてヴィッテを見殺しにしたヴァレンシュタインも自分で自分の首を縛るようにして暗殺された。グスタフ・アドルフの戦死とヴァレンシュタインの暗殺後、三十年戦争は将棋の千日手のようにまったくの膠着状態に陥る。

「国家意識」と傭兵の地位低下

われらにおいては、土地や村落、およびその富を奪うために、戦いが行われる。日本での戦は、ほとんどいつも、小麦や米や大麦を奪うためのものである。

(『ヨーロッパ文化と日本文化』ルイス・フロイス)

これは一五六二年に来日し、織田信長、豊臣秀吉に謁見したこともあるポルトガル人宣教師ルイス・フロイスが主として秀吉の九州征伐の戦場を報告した一節である。その欧日比較論は「領土拡張戦争」と「食うための戦争」の対比だが、しかし秀吉の九州征伐は紛れもなく領土拡張戦争であった。

どうやら約百五十年続いた日本戦国時代の末期三十年を日本で暮らしたフロイスの眼は戦国の世を思うさま駆け巡った英雄・梟雄《きょうゆう》たちではなく、その戦争に動員された無数の雑兵たちに向けられたようである。たしかに彼ら雑兵にとって戦とは兵糧《ひょうろう》を入手することであり、その意味で彼らの刈田《かりた》狼藉《ろうぜき》はまさしく「食うための戦争」であった（『雑兵たちの戦場』藤木久志）。

雑兵たちにとって殺し合いの戦争が、「食うための戦争」となることは洋の東西を問わない。とりわけ、応仁の乱以降、麻のごとく乱れた日本に漸く天下統一の機運が生まれ始めた頃に行われた秀吉の九州征伐とは逆に、神聖ローマ帝国（ドイツ）の統一どころかグロテスクなまでの分裂を固定化していく三十年戦争を戦う兵たちは、戦いの意味など一切わかろうともせず、ひたすら食うため、生きるために戦ったのである。

「兵にパンと仕事を与えるためにだけ戦いが続き、冬営地を確保することを主目的として戦いが行われ、軍の関心はもっぱら糧秣の現地徴発に注がれるようになってきた」（『三十年戦史』フリードリッヒ・シラー)。

これがフランス軍が直接参戦してきた三十年戦争最終ラウンドの様相であった。つまり、戦争遂行能力を支える肥沃な大地が不毛な地へと荒れ果てたがゆえに、かえって戦争が続くという皮肉な結果になってしまったのだ。誰もが戦争にほとほと嫌気がさしてきた。ただ慣性の法則でだらだら続く戦争を終わらせるにはどちらか一方の決定的勝利しかない。

どちらか一方とは、カトリックか、あるいはプロテスタント陣営のことではない。グスタフ・アドルフの参戦の裏事情から見てもこの戦争はもはや宗教戦争ではなかった。極論すれば、ハプスブルク対反ハプスブルクの戦争となっていた。そして反ハプスブルク陣営が勝利を収め、漸く三十年戦争は終結する。

その結果、神聖ローマ帝国の分裂状態が固定し、帝国内の主だった侯国は同盟権を含めた国家主権を手に入れ、それぞれに絶対主義政策を進めていく。一六四八年に結ばれた戦争の終結条約「ウエストファリア条約」が「神聖ローマ帝国の死亡診断書」と言われる所以《ゆえん》である。

そして大量の外国人傭兵を擁して、この戦争に直接参戦してきたスウェーデン、フランス、スペインは次第にスウェーデン、フランス、スペインという自分たちの国家を意識するようになってきた。兵たちは戦いの勝鬨《かちどき》を「スウェーデン万歳!」、「フランス万歳!」

と唱え始めてきた。あのカトリック狂信国家スペインの兵ですら、「サンタ・マリア！」の合言葉を「スペイン万歳！」に変えて突進したのである。

これは人々の間に宗教のためではなく、金のためではなく、国のために戦うという感情が芽生え始めてきたと言ってよいだろう。そのとき軍隊としての傭兵部隊は終焉の秋《とき》を迎える。あるいは少なくとも戦闘力の中核ではなく、特殊な補助部隊の地位に甘んじることになる。そしてランツクネヒト部隊の共同決定権に象徴される自由戦士像は崩壊し、傭兵たちは巨大な軍事機構の一つの歯車となり、傭兵隊長は自立した戦争企業家ではなく、国家権力の走狗と成り果てる。

第十章　太陽王の傭兵たち

太陽王
ルイ十四世
（プラド美術館蔵）
（写真＝WPS）

フランス絶対王朝の誕生

日本では一六一五年の元和《げんな》元年、大坂夏の陣が終わり、武が偃《ふ》せられた。「元和偃武《えんぶ》」と称される天下泰平の時代の幕開けである。ということは約百五十年続いた戦国時代の巨大な戦争エネルギーが行き場を失ったことになる。そこでこの巨大なエネルギーは東南アジアに向けて噴出される。「元和偃武」の前後は、日本人傭兵が海を渡って大量に流出した時代でもあったのだ。その兆候は秀吉による朝鮮戦役（文禄、慶長の役）直後から現れている。なにしろ、朝鮮には約十万の日本兵が渡り、そしてその行き場を失ったのである。だとすれば金に飢えた兵たちがその行き先を東南アジアに向けてもおかしくはない。事実、スペインのマニラ総督は、スペイン王フェリペ三世にその危惧を報告している（『雑兵たちの戦場』）。

東南アジアはスペイン、ポルトガルの東洋貿易先発組とオランダ、イギリスの後発組が激突していた戦場である。両者とも倭寇《わこう》以来、勇名を馳せている日本人傭兵が喉から手が出るほど欲しがっている。こうして無数の山田長政たちが、東南アジアのいたるところで荒らしまわったのだ。

ところが徳川幕府は一六二一年、日本人傭兵の渡航を禁止した。さらには武器の禁輸令も発布し、日本がスペイン、ポルトガル、オランダ、イギリスの有力な兵站地になることも頑なに拒否したのである。それはヨーロッパ諸国の熾烈な植民地戦争に日本が巻き込まれることを恐れたからである。徳川幕府の「禁輸令はその危機を回避するための必死の対策であり、戦国以来の日本人の激しい国外流出に歯止めをかける、大きな画期となった」（『雑兵たちの戦場』）。

日本は長い鎖国に入り、パックス・トクガワーナ（徳川による平和）の時代を迎える。そして日本から傭兵が消えた。

翻って、三十年戦争後のヨーロッパ。

パックス・ハプスブルクーナ（ハプスブルクによる平和）の夢は潰《つい》え、ヨーロッパはしばらくは列強の勢力均衡を迎えた。そしてその均衡を破ったのが三十年戦争を巧みに扇動し、その間いつのまにか中央集権国家を作り出していたフランス絶対王朝であった。

以後、ヨーロッパはしばらく、太陽王ルイ十四世の動向を中心に動くことになる。

太陽王ルイ十四世

太陽王ルイ十四世は、三十年戦争末期の一六四三年にフランス王となる。ただしその頃は幼君で王が親政に入ったのは宰相マザラン枢機卿がこの世を去った一六六一年のことである。マザランは前任者の宰相リシュリュー枢機卿が、三十年戦争でフランスの権益を守り中央集権体制の基盤を築きあげたのを承《う》けて、フランス絶対王朝確立に全力を注いだ凄腕の宰相であった。

ルイ十四世はマザランの死後、五十四年間の親政を続けた。その王は死の間際に自身の実に長かった治世を振り返りながら、「余は少し戦争を愛しすぎた」と恐ろしい告解をしている。

それもそうだろう。王の親政の五十四年間にフランスはなんと三十四年のあいだ戦争をしていたことになるのだ。

もちろん、これほど長く戦争を続けるにはよほどの国力隆盛、よほどの王の権力独占、そしてよほどの軍の整備がなければならない。

確かにオランダのマウリッツ・オラニエ、スウェーデンのグスタフ・アドルフが行った軍制改革は近代軍制の道を切り開いた。しかしそれはオランダ、スウェーデンという小国での実験であった。

当時の国力を測る物差しは人口の多寡《たか》である。名前だけの皇帝となったオーストリア・ハプスブルク家だが、それでも支配下のオーストリアを中心とするハプスブルク家世襲領には約八百万の人口があった。スペインは六百万、イギリスは七百万程度であった。神聖ローマ帝国（ドイツ）は三十年戦争で分裂が固定化したのでその人口を挙げてもここではあまり意味がない。

さて、これに対してフランスは千八百万という人口を抱えていた。まさに他に抜きん出た大国である。フランスの軍制改革はフランス一国を超えて、全ヨーロッパに甚大な影響を与えずにはおかない。事実、ほとんどのヨーロッパ諸国、とりわけドイツ諸侯国はルイ十四世の軍制改革に一斉に右へ倣えをするのである。

常備軍編制、徴兵制の走りとなる小教区ごと一人を兵にする民兵選出制度、近衛兵部隊、正規歩兵隊、竜騎兵隊、正規騎兵隊、砲兵隊、民兵連隊等々の各部隊の整備、制服の導入、武器の整備・充実とあらゆる点で改革がなされた（『ルイ14世の軍隊』ルネ・シャルトラン）。

しかしルイ十四世の軍制改革最大の焦点は、なんといっても軍の編制権を国王自身が握ったということにある。これまでのランツクネヒト時代はもちろん傭兵隊長が、そして王直属の軍ですら司令官が軍の編制権を独占していた。つまり軍は傭兵隊長や司令官の個人的所有物であった。そして彼らこそが戦争のプロであった。その意味でそれまでの戦争では王は実は脇役の存在でしかなかったのだ。

しかしこれら戦争のプロは自分の懐にしか関心が行かない。傭兵隊長の兵員のごまかしによる給料着服を手始めとする様々な不正は言うまでもなく、王直属軍においても司令官とその司令官によって任命された将校たちのでたらめぶりもまた目に余るものがあった。

将校階級は不正と汚職の温床であった。

この悪弊を一掃すべく、ルイ十四世は軍の編制権を握り、自ら将校を任命し、まずは近衛連隊で最新の軍事理論や技術を叩き込み、しかる後に彼らを各連隊に派遣し、巣食っていた不正将校を追放し、連隊全体に軍律と教練と、そしてなによりも王への絶対の忠誠心を植え付けていったのである。こうしてフランス軍は国王所有のものに転換していった。ルイ十四世の軍制改革の手足となったのが陸軍大臣ルーヴォア侯であった。ルイ十四世はこの優れた軍管理者ルーヴォア侯を得て三十万の近代化された常備軍を擁することができた。それは三十年戦争時とは比較にならない動員力であり、いかに国力が富み、いかに国家権力が王一人に集中したかを如実に物語る数字でもある。

しかし三十万すべてがフランス人というわけではない。根付き始めた王への絶対の忠誠心とは、あくまでも軍隊という世間から隔絶された社会での話である。さらにフランスはコルベールらの重商主義政策により産業と商業が育成され、人々の働き口は飛躍的に増えていた。なにも軍隊だけが雇用保証機関ではなくなってきた。かくしてフランス常備軍三十万のうち半数近くは外国人部隊となる。つまり傭兵である。とりわけスイス人傭兵部隊のフランス軍での役割は見過ごすことができない。

ルイ十四世とスイス傭兵

ルイ十四世がスイス兵に抱く親近感は王が子供の頃、池に落ち、危うく溺れそうになったときスイス護衛兵に助けられたことから始まったと言われているが、真偽の程は定かではない。

しかしフランス大革命のさなかの一七九二年、スイス人近衛隊がルイ十六世を守るためにテュイルリー宮殿に押し寄せてくる民衆に対して最後の一兵まで決して退こうとはしなかったように、スイス傭兵部隊がフランス・ブルボン王家と深い関係を結んでいたことは間違いない。それが証拠にルイ十四世の頃、スイスの人口は九十万弱、そのうちのべ十二万人がフランス軍に仕えている。

こうなるとスイス兵はフランスの単なる傭兵ではなく、フランス王国から給料を貰う同盟者であった。

事実、スイス誓約同盟はフランスとの同盟契約で、フランスに平時でも最低十二中隊二千四百の連隊を提供しなければならなかったのである。これが一六八八年に定められた制服の赤いコートで有名なスイス人連隊である。そしてこの連隊に属するスイス兵に対する裁判権は雇い主フランス王国にはなく、スイス兵の各出身州にあり、その州政庁の裁判代理執行はスイス連隊の将校が行っていた。

この頃、戦闘の火蓋を切る精鋭歩兵中隊が創設されたが、それもスイス人連隊の中隊長ペーター・シュトゥッパの考案によるものであった。こうした功に報いるためにルイ十四世はスイス人連隊を厚遇し、パリ郊外に駐屯基地を与えてもいる。さらにスイス兵は裁判権だけではなく、宗教の自由も保障されていた。

しかし、このようなルイ十四世とスイス人連隊の蜜月もやがて綻《ほころ》びが見えてくる。その要因は一つにはルイ十四世が断行した「ナントの勅令」の廃止であり、また一つにはスイス兵を傭兵として送り込むスイス誓約同盟各州政庁を牛耳る都市門閥の果てしない堕落のためでもあった。

「ナントの勅令」の廃止とユグノーの流出

「ナントの勅令」とは、一五六二年から三十年以上も続いたフランスの宗教内乱であるユグノー戦争を収めるために、フランス・ブルボン王家の始祖アンリ四世が一五九八年、ナントで発した勅令である。それは新教徒ユグノーに制限付きではあるが、信仰の自由を認めたものであり、これによりフランスのユグノーの国外流出にある程度、歯止めがかかった。

ところがルイ十四世は一六八五年、祖父アンリ四世が発した「ナントの勅令」を廃止する。

このことは、フランスに計り知れない打撃を与えることになる。なぜなら「ユグノーは当時最高の技術者・知能集団である時計工のほか、毛織物工業の織り元や職人もそのグループに属していたから、ユグノーに対する弾圧・国外追放は、おのずからフランスの知的水準の低下のみならず、技術力、生産力の減退をもたらす結果となった」（『時計の社会史』角山栄）からである。

それでは亡命ユグノーはどこに向かったか？　まずはカルヴァン派の本拠地スイス、次いでオランダ、イギリスとなる。

いずれの国も大歓迎であった。特にスイスは当時の最先端技能集団であるユグノーの時計工を多く迎えることで、スイス国内の産業の育成化を図った。まさにスイスにとっては、自国経済が傭兵産業依存体質から脱する千載一遇のチャンスであった。このころから後にスイスの代名詞とも言われる時計産業は目覚しく発展し、大量の雇用機会を創出していくことになる。これでスイスは「血の輸出」のみに頼らずに生きていけるようになった。ユグノーのスイス亡命は、スイス傭兵産業の終わりの始まりとなった。

もちろん、ユグノーの大量流出はフランス陸軍にも甚大な影響を与えずにはおかなかった。築城術の天才といわれたヴォーバン元帥の概算によると、このとき最も優秀な将校六百人と経験豊かな兵士一万二千人がオランダ、イギリス、ドイツに逃亡したという（『ルイ14世の軍隊』）。

しかしこのユグノー兵士の逃亡と逆に、やはり宗教的理由で多くの兵士たちがルイ十四世の懐に飛び込んできた事実もある。しかもそれはユグノーの亡命に比べてはるかに暗く哀しい物語であった。

ワイルド・ギース

イギリス本島のブリテン島の西に浮かぶアイルランド。ヨーロッパ内陸部で活躍していたケルト人の一部が、前五世紀頃に流れ着いた辺境の島と言ってよい。そのためかブリテン島にはやってきたカエサルもこの島にはついに足を伸ばさなかった。そこで「カエサルも来なかった島」という揶揄的表現が生まれた。

よく言われるフランスの文化中華思想は、この地がドイツなんかと比べて逸早く古代ローマ文明に浴したという事実が根っこにあるとされているぐらいだから、ヨーロッパ人の心性にとって古代ローマ文明との接触の深浅はことのほか重要な鍵となっている。そんなわけで、アイルランド島は昔からブリテン島の人々の差別の対象となっていた。

カエサルはやって来なかったが、その代わりこの島にはカトリックがやってきた。そしてこのことが、プロテスタント・イングランド人のアイルランド蔑視に拍車をかけることになる。否、蔑視などという生易しいものではない。アイルランドの歴史は、そのままイングランドによる圧政の歴史と言ってもよい。

アイルランドはもともと地味が豊かではない。不毛の地に強いじゃがいもがなかったらアイルランド人はとうに飢え死にしていたかもしれない。実際に十九世紀中頃にはじゃがいも飢饉に見舞われ多くの人々がアイルランドを離れざるを得なくなるのだ。それでも昔は森らしきものはあったようだ。

ところが十六世紀以降、アイルランドの山は禿山となっている。イギリス政府がスペインの無敵艦隊に対決すべくさかんに軍艦を建造したときに、森を大量に伐採したためと言われている（『愛蘭土紀行2』司馬遼太郎）。

これはイングランドによるアイルランド圧制史の一こまであるが、もっと無茶な話が清教徒革命でイギリスの主権を握った護国卿クロムウェルが行ったアイルランド派兵である。

一六四九年夏、クロムウェルは自らイギリス軍二万を率いてアイルランドに上陸し、カトリック・アイルランド人六千人を虐殺した。プロテスタント狂信主義者クロムウェルは自身を聖者と称していたが、アイルランド人にとってはとんでもない「聖者が街にやってくる」ことになったわけである。

アイルランド人は心の奥底でプロテスタント・イングランドに復讐の刃を研ぎながら、表面では沈黙を強いられる日々を送ることになる。そんな彼らに一条の光が差したのが一六八九年三月のことだ。

護国卿クロムウェル政権崩壊後、王政復古となったイギリスで、カトリック信者のジェームズ二世が親フランス政策を採り、ために議会から王位を剝奪された世に言う名誉革命がおきたのが一六八八年。ちなみにこのときイギリス議会から新たに王位を提供されたのが、近代軍制の道を切り開いたオランダのマウリッツ・オラニエの弟フレデリック・ヘンドリックの孫にあたるウイリアム三世である。

さて、フランスに亡命したジェームズ二世は、ルイ十四世のフランス軍とともにイギリス王位奪還を目指して一六八九年三月アイルランドに上陸した。アイルランド人はこのときとばかりに一斉に武器を取る。ジェームズ二世軍とアイルランド反乱軍は首都ダブリンを制圧する。そしてアイルランド東部を流れるボイン川付近で両軍はオランダ軍を味方につけたウイリアム三世率いるイギリス軍に最終決戦を挑む。

結果はイギリス軍の圧勝だった。ジェームズ二世はびっくりするほど素早く逃亡し、さっさとフランスに亡命する。残されたアイルランド人には前にも増す一層過酷な運命しか待っていない。

ここにきてアイルランドの若者たちはついに故郷を捨てることを決意した。もともと彼らの先祖であるケルト人は傭兵稼業に従事することが多かった。第二次ポエニ戦役での名将ハンニバルのアルプス越えにも多くのケルト人が傭兵として参加したと言われている。もとよりアイルランドには目立った産業がない。手に職を持たない亡命者が生きていけるのは傭兵稼業しかないのだ。こうして彼らはルイ十四世の大陸軍にアイルランド傭兵として入隊する。その数一万二千から一万四千。

そしてアイルランドの哀しい歴史を背負って傭兵として異国に旅立ったこれらの若者たちを人々はいつしか哀調を込めて「ワイルド・ギース（野生のガチョウ）」と呼ぶようになった。

スペイン継承戦争

フランス臣民常備軍の他にスイス傭兵、ワイルド・ギース等々の多くの傭兵を駆使しながら太陽王ルイ十四世は戦争を繰り返す。そんなルイ十四世が仕掛けた数多くの戦争のなかで最大のものはスペイン継承戦争である。

十八世紀初頭、「生まれたときから死に瀕していた」と言われるほど虚弱だったスペイン王カルロス二世には嗣子がなく、スペイン・ハプスブルク家最後の時が近づいていた。それゆえスペイン王位とその広大な領土の継承問題はヨーロッパ列強の最大の関心事となる。フランス・ブルボン王家はルイ十四世がカルロス二世の姉を、オーストリア・ハプスブルク家は神聖ローマ皇帝レオポルト一世が妹をそれぞれ后に迎えており、互いにスペイン王位継承を主張している。これに呼応してスペイン・ハプスブルク家の断絶が決まったも同然のスペイン宮廷では、親ブルボン派と親ハプスブルク派が政争を繰り返す。そして親ブルボン派が勝利を収めた。

すなわちカルロス二世は死の一ヵ月前にスペイン王位をルイ十四世の孫アンジュー公フィリップに譲るという遺書を認《したた》めたのである。ただしこれには未来永劫にわたってフランス王国とスペイン王国の統合は厳しく禁止するという留保条件がついていた。

しかしそんなものは王位を継承しさえすればなんとかなる。事実、オーストリア・ハプスブルク家を出し抜き、自分の孫をフェリペ五世としてまんまとスペイン王に就かせたルイ十四世はさっそく、もはやフランスとスペインの国境ピレネー山脈は存在しないとばかりに、フランス、スペイン両国統合の動きを見せ始めた。

これには、もともとフェリペ五世の即位を承認しなかったオーストリア・ハプスブルク家はもとより、イギリス、オランダ両国も一斉に異を唱え、これらの国は互いに語らって反フランス大同盟（ハーグ同盟）を結成した。大同盟は一七〇二年五月、ルイ十四世に宣戦布告する。スペイン継承戦争の勃発である。

足掛け十四年続いたこの戦争で、最大の戦いは一七〇九年九月十一日、北フランスで行われたマルプラケの戦いである。敵味方あわせて十四万人を越えるこの大会戦は大同盟の勝利に終わった。とはいっても勝利した大同盟でも二万の戦死者を出すという壮絶な戦いであった。

大同盟はオーストリア、イギリス連合軍で、プリンツ・オイゲンとマールバラ公爵が両軍を率いていた。

プリンツ・オイゲンは言うまでもなくオーストリアの名将である。しかし彼はマザラン枢機卿の姪の子としてパリに生まれている。ルイ十四世のご落胤《らくいん》の噂も絶えなかったように、もとはといえばフランス側の人間であった。それが熱望していた軍人の道をルイ十四世に閉ざされ、パリを逐電し、ウィーン宮廷に逃げ込む。以来、軍人として累進を重ね元帥となる。このような出自からプリンツ・オイゲンこそ外国の軍務に就くあらゆる傭兵のうち最も卓越した傭兵であり、彼の死とともにヨーロッパの傭兵制度は終焉したという説もあるぐらいである。しかしこの最も卓越した傭兵は決して金で転ぶことはしなかった。自分を拾ってくれたハプスブルク家に生涯忠誠を誓う。オイゲンはスペイン継承戦争前夜にフランス王ルイ十四世が持ちかけた帰順の誘いを峻拒《しゅんきょ》し、レオポルト一世、ヨーゼフ一世、カール六世と三代の皇帝に仕え、老衰による死を迎えるまでハプスブルク帝国柱石の元帥としてあり続けた。

一方、イギリス軍を率いるマールバラ公爵。第二次世界大戦のイギリスの英雄ウインストン・チャーチル首相の祖にあたる公爵は、一六七七年までは三十年戦争での数々の武勲によりフランス最大の名将と言われたテュレンヌ将軍の幕僚を務めた人物である。やがて故国イギリスに帰り、スペイン戦争ではイギリス・オランダ連合軍総司令官を任じられていた。このようにフランス軍からイギリス軍へといった軍籍の移動は、当時ではさほど珍しいことではなかった。ちなみにマールバラが軍籍を故国イギリスに移して仕えたイギリス王とは多くのアイルランドの若者をワイルド・ギースとしてルイ十四世の懐に追いやったウイリアム三世である。

オイゲン、マールバラ両将がかかる経歴を持つぐらいだから、幕僚以下兵卒に至るまでその軍籍移動は日常茶飯事であった。それゆえ、ほとんどが傭兵軍でなる大同盟軍の兵が、故郷を同じくするフランス傭兵軍兵士と戦うことも珍しくはなかったのである。否、それどころか母を同じくする兄弟が戦場であい見《まみ》えることもあったのだ。

スイス傭兵の悲劇

スイス誓約同盟ルツェルン州出身のヨスト・フォン・リーデックは、フランス軍のスイス連隊にいた。ルイ十四世お気に入りのこの連隊はパリ郊外に宿舎を与えられていた。すなわちフランス宮廷の近くである。そしてそのフランス宮廷は爛熟のきわみにあり、男女愛欲の遊戯性が異常に高まっていた。このことがスイス連隊の将校たちに伝播し、彼らの風紀紊乱《びんらん》は目を覆うばかりとなっていた。スイス連隊の将校はスイス誓約同盟各州政庁を牛耳る都市門閥の子弟がほとんどで、言うなれば金で将校職を買ったようなもので、ろくな戦術も知らない連中ばかりであった。それが実際の戦場にあって響かないわけにはいかない。将校は馬鹿な命令を繰り返すばかりである。リーデックはこんな連中に生死を預けなければならない己の運命を呪った。しかしリーデックにはそれよりはるかに呪わしい運命が待ち受けていたのである。

リーデックは敵軍と遭遇したとき信じられないものを目にしたのだ。

血を分けた弟のアロワが大同盟軍の傭兵としてこちらに刃を向けている！

なんてこった！

リーデックは深いため息をついた。同時に故郷ルツェルン州の政庁に激しい怒りを覚えた。

先述したようにスイス傭兵部隊は、州政庁管理の傭兵部隊である。すなわちルツェルン州政庁はフランスにスイス連隊を送り込みながら、同時に傭兵部隊を反フランス大同盟軍にも売りつけていたということになる。

その結果、たとえ兄弟が殺しあう羽目になろうとも知ったことではないということか？

いったい、俺たちはなんのために戦っているのか？

リーデックは馬鹿らしくなり、とたんに戦意を失った。そして、「州政庁の奴らにいいようにされてたまるか！　こんなあほな殺し合いは止めよう！」と、向かってくる弟を諭《さと》した。しかし血気盛んな弟は「臆病者！」と一言、唾を吐きながらしゃにむに突っ込んできた。揉みあいになる。二人が身体を離したときにはリーデックの剣で胸を突かれた弟の死体が転がっていた。

リーデックは故郷にいる弟の嫁と、そして自分たち二人の兄弟の母を思い、呆然と立ち尽くすままであった（『裏切られて、売られて』）。

傭兵は雇い主にとって文字通りの使い捨てに過ぎない。だから逆に傭兵は雇い主を選ばない。報酬をくれるものならいかなる側にもつく。報酬は土地でもない、まして名誉でもない。ずばり現金である。そして軍務が終われば敵側につくことさえ辞さない。権力に恐れ入ることはしない。もともと権力を侮蔑しているからである。そんな権力に己の人生を捧げる忠義など持ち合わせようがない。これがランツクネヒトに代表される十六世紀の傭兵であった。少なくともランツクネヒトは自分たちの惨めな境遇を覆い隠すかのように、「主無し」の自負と覚悟に生きるという幻想に浸っていた。

しかしその傭兵たちが侮蔑する権力は、彼らが気が付かないうちに途方もない力を持ってきたのだ。しかもそれは皮肉なことに、忠誠心とはまったく無縁に戦ってきた彼ら傭兵たちのおかげであった。

強大な権力は傭兵たちの「主無し」の自負と覚悟を奪い取る。故郷の州政庁の恥も外聞もない金儲けのために戦いの際に兄弟で殺しあうことを強いられたスイス傭兵の哀しい物語は傭兵の傭兵たる基盤が崩れ去ったことを示している。

ヨーロッパ傭兵は以降、自由戦士の面影はまったく影をひそめ、巨大な権力によって徴発され、どこか異国に売り飛ばされる傭兵奴隷のような様相を呈し始めるのである。

第十一章　傭兵哀史

最強のプロイセン軍を作り上げたフリードリッヒ二世

オーストリア継承戦争

結局、スペイン継承戦争は、ブルボン家がスペイン王位を獲得するが、ルイ十四世の領土拡張政策は掣肘を加えられ、太陽王の盟主政策は破綻をきたし、一方、オーストリア・ハプスブルク家は独立オランダを除くスペイン領ネーデルラントを手に入れるに留まったというブルボン、ハプスブルク両家痛みわけの形で終わった。

そしてこの戦争の真の勝者は、植民地を含めた国際貿易の地歩を固めるべくヨーロッパの勢力均衡政策を推し進めてきたイギリス、オランダであったと言えるだろう。つまりその勢力均衡がちょっとでも崩れそうになると、ヨーロッパはたちまち戦場となるということだ。

断絶したスペイン・ハプスブルク家の後を襲ってスペイン王に即位し、併せて神聖ローマ皇帝を名乗り、十六世紀にカール五世が樹立したハプスブルク世界帝国の復活を夢見てスペイン継承戦争を戦ってきた皇帝カール六世は、戦後しばらくして今度は他ならぬ自身のオーストリア・ハプスブルク家断絶の危機に直面することになる。

カール六世には正嫡の男子がいない。そこで帝は女系相続を禁止した古代ゲルマン以来のサリカ法典を廃棄し、ハプスブルク世襲領にあっては女子もこれを相続できるという相続順位法を勅し、私の後は長女であるマリア・テレジアがハプスブルクの社稷《しゃしょく》を祭ることになる、なにとぞよしなに、よしなにとヨーロッパ列強にその承認を求めた。皇帝の頼みとあらば、各国も黙ってこれに従った。

しかし老いた顔の皺も見苦しく、目脂《めやに》をため、鼻水をたらしながら「秀頼のこと頼み参らせ候」とくどいように何度も何度も諸侯の手を握り、悩乱止め処もないままに逝った豊臣秀吉没後の例を見るまでもない。

一七四〇年十月二十日、カール六世が息を引き取ると、ヨーロッパ各国はただちに「もはやハプスブルク家は存在しない！」を合言葉にオーストリアに襲いかかる。オーストリア継承戦争である。

最初に牙を剝《む》いたのはプロイセン王フリードリッヒ二世だ。

フリードリッヒ二世は皇太子時代、いささか奇矯に過ぎる父、軍人王フリードリッヒ・ヴィルヘルム一世とそりが合わなかった。むしろ息子は父を徹底して嫌った。父も哲学書や文学書を読みふける軟弱な跡取り息子を「女の腐ったような奴」と罵った。息子はこんな強圧的な父王から逃れようと国外逃亡を試みる。事は発覚し国境目前で皇太子は捕らわれる。軍人王は激昂し、息子と行を共にした息子の友人をただちに処刑させた。皇太子も悪くすれば処刑か、少なくとも廃嫡は免《まぬが》れないところだった。ところが皇帝カール六世がプロイセン王家のこの壮絶な親子喧嘩の調停に乗り出し、皇太子は救われ、父王の死後、無事にプロイセン王に即位できたのだ。つまりフリードリッヒ二世にとって、カール六世は足を向けて寝ることができない大恩人であった。

そのカール六世がついに嫡男を得ずしてこの世を去って、まだ喪も開けやらぬわずか二カ月足らずの十二月十六日、フリードリッヒ二世は二万の軍隊を率いオーストリア領シュレージエンを急襲し占領した。

この「近世に入って最もセンセーショナルな犯罪」(イギリスの歴史家、グーチ)以来、フリードリッヒ二世とハプスブルクの鉄の女、女帝マリア・テレジアとの互いに敵意剝き出しの相克が続く。二人の対決はオーストリア継承戦争に留まらず、七年戦争に引き継がれ、ヨーロッパを戦乱に巻き込み、総勢百万の戦死者を出す地獄図会《ずえ》を描くことになる。

フリードリッヒ大王の軍隊

しかしそれにしても、哲学書や文学書に読みふけっていた文弱の徒が国王に即位するや、大恩あるハプスブルク家の危機につけこみ、しかも狡猾にも当時の軍事原理に反して冬のさなかに軍事行動をおこし、オーストリアの一部を強奪してしまう。

それだけではない。フリードリッヒ二世は三十年戦争末期頃から頭角を現してきたブランデンブルク選帝侯国の後継国家プロイセン王国を幾多の戦いを勝ち抜くことでヨーロッパ随一の強国に押し上げ、その傍らでフルートを奏で、哲人ヴォルテールと清談を楽しむような人物だった。

このような相反する二つの要素をなんの矛盾もなく一身にぴたりと当てはめることができたフリードリッヒ二世はまさしく英雄であった。後に大王と呼ばれる所以《ゆえん》である。

当時、プロイセンは人口三百万足らず。それでも父、軍人王の富国強兵政策のおかげで大王即位の頃には十八万の兵力があった。大王はこの父王の遺産を巧みに運用し、増やしていく。

大王は将校を徹底的に鍛えた。また外国籍を持つ将校などざらにいる時代にプロイセン臣民のみを将校に任命した。つまり大王にとって将校を完璧に掌握することが肝要であった。将校さえ意のままにできれば、兵卒はプロイセン人であろうと外国人傭兵であろうとどうでもよかったのだ。

将校を威服させればフランス王ルイ十四世が敢行したように、それまで将校の個人的所有物であった軍隊を大王個人のものとできるのだ。そして将校たちから傭兵隊長のような戦争企業家としての側面を根こそぎ剝ぎ取り、彼らをただひたすら軍事技術に精通した職業軍人に仕立て上げる。それでこそプロイセン軍はフリードリッヒ二世のもとで精強となるのだ。

しかしそのためには将校階級を育てる士官学校が必要となる。その点、大王の父は軍人王との異名を取るぐらいだから抜かりはなかった。

すでにプロイセンには「幼年学校」が開設されていた。しかもそれは軍人王の皇太子時代の一七〇四年に開設されている。これはフランス、イギリスで士官学校が開設されたのがそれぞれ、一七七六年と一七四七年であることに比べれば驚くべき早さで、プロイセンが短時間のうちに軍事大国に成り得たのもここにその一因があった。ちなみにヨーロッパ最初の士官学校はマウリッツのオランダ軍制改革に協力したジーゲン侯ヨハンが一六一六年に開設したジーゲン士官学校である。

ともあれ、フリードリッヒ大王は祖父と父が遺してくれた士官学校の充実拡大に努め、大王に絶対の忠誠を誓う多くの将校を育て上げた。

そして彼らプロイセン将校は、大王の後ろ盾と他の追随を許さぬ軍事知識でもって連隊や中隊内で絶対的権限を持ち、革の鞭をいたずらに多用し、兵たちに服従と過酷な演習を強いた。こうして機械のような軍隊が生まれた。

さらに、大王は駈歩《ギャロップ》で攻撃する軽騎兵中隊の育成に心血を注いだ。他国の騎兵がせいぜい七百メートルのところ、プロイセン軽騎兵中隊は一気に千八百メートルも駆け抜け、先制攻撃を仕掛けるのである。中隊ごとにインターバルなしに一気呵成に攻撃し、電光石火に襲う。「半分近くが撃たれ、塹壕や窪地に落ち、首の骨を折ったりしたが、それでも前進しなければならなかった。止まれば、後続の部隊に振り落とされてしまうからである」(『裏切られて、売られて』)。後のドイツ軍の得意とする電撃作戦は、ここにその原型があったのである。

プロイセン軍の兵士狩り

だがこのように鍛えられたヨーロッパ随一の精強軍隊には奇妙なところがあった。

まず夜襲は行わない。行軍中の宿営地は森の近くを避け、野原のど真ん中を選ぶ。森を進軍するときには歩兵の列の両隣に軽騎兵を配備する。二、三百メートル先の偵察のために斥候兵を派遣することはしない。戦いの勝利直後の落ち武者狩りもあまり行わない。

なぜか?

答えは簡単である。いずれも兵たちの脱走を防ぐ手立てであった。つまり精強を誇るプロイセン軍の最大の弱点はなんと兵士の脱走であったのだ。

プロイセン軍の兵士のほとんどはプロイセン臣民以外の者で占められていた。プロイセンにも徴兵制度がなかったわけではない。だが、プロイセンの市民や農民たちは大王のために命を危険にさらす気はなく、また大王にしてみてもプロイセン人を軍務につけさせると、そのぶん、税金を軽減させなければならず、外国人傭兵を雇ったほうがはるかに安上がりであった。ところがドイツ諸侯国を始め、諸外国にそう大量にプロイセン軍に志願する者がいるわけでもない。そこでプロイセン独特の暴力的募兵が行われることになる。

募兵官の口車に乗せられ、酒を飲まされ、気が付いたときには兵にさせられたといった例はまだましなほうであった。

一人の農民が農産物を売りに街に出かける。ところがその道すがら男は神隠しにあったように忽然《こつぜん》と消え、行方は杳《よう》と知れない。数ヵ月後、同じ村の女が行軍するプロイセン軍の中に、あきらめきったように生気のない顔で歩いている件《くだん》の農民の兵士姿を見かける。

こんなことはざらであった。なにしろプロイセンの募兵官の手口は没義道《もぎどう》そのものであった。彼らは目的達成のためには人さらい、拉致監禁、詐欺、陰謀、暴力と手段を選ばなかった。プロイセン領内で事足りないと、他国にも出かけ、兵として使えそうな男たちをひっさらいプロイセン軍に入れてしまうのである。なかにはつい昨日までドイツ諸侯国の近衛兵であった者が、今日にはプロイセン軍に強制入隊させられてしまったという例があるぐらいであった。そのため軍はあらゆる国の連中の集団となった(『裏切られて、売られて』)。

そして誘拐まがいの手口で拉致され、無理やり入隊させられた兵たちを待ち受けていたのは鞭を片手に威嚇する将校たちであり、鉄の規律であり、過酷な軍事教練であった。それゆえ兵たちは絶えず脱走の機会をうかがったのである。そしてそれをほとんど志願兵からなるフリードリッヒ大王自慢の軽騎兵中隊が監視するのである。

これはまさに強制連行、強制労働、傭兵奴隷、兵士狩りそのものであった。

こんなことがまかり通ったのは、プロイセン王国では国王による権力独占が進み絶対主義が確立されたことの証左でもあった。

かかる専制支配体制の傭兵たちには自由戦士としてのひとかけらの自負もなく、脱走を試みるか、あるいはプロイセン軍という巨大機械の歯車に徹するしかなかったのである。

ところでプロイセン軍募兵官のむちゃくちゃぶりは大王の父、軍人王による巨人部隊編成から始まっている。

軍人王は二百人の近衛兵を偉丈夫で揃えることに執念を燃やした。ともかく巨人であればよい、軍事的資質など二の次である。その頃、ドイツ諸侯はフランスのルイ十四世の流儀に倣って、さかんに近衛兵を身辺に侍らせていたが、その費用は純粋な軍事費というよりか化粧代のようなもので、近衛兵は諸侯の見栄のためにあったと言ってもよい。軍人王もまた自分の見栄のために手段を選ばなかった。領内に適当な男がいなければ他領からさらってこいと募兵官に命じた。募兵官たちは大男を捕獲する道具まで考案し、せっせと巨人たちを集め軍人王に提供している。軍人王は集められた巨人たちを自ら教練を授け悦に入る。それどころか近衛兵の肖像画を書かせ、それを寝室に掛け、王が目覚めると即座に目に入るようにするという、いささか常軌を逸することまでしている。

フリードリッヒ大王の募兵は、大王があれほど嫌い抜いた父のやり方を踏襲したものである。だが大王には父のようなエキセントリックなところは微塵もない。大王は父よりはるかにワルであった。大王はただ、強制的に掻き集められた兵を牛馬のごとくこき使い、ヨーロッパ勢力地図を塗り替えてゆくだけである。そしてその傍ら、「余は国家第一の下僕である」とぬけぬけと言ってのけ、フルートを奏で、読書にふける。フリードリッヒは稀に見る酷薄非情な大王であったのだ。

ところが、その頃、ドイツ諸侯国のなかで、この人を人とも思わぬさすがのフリードリッヒ大王をもして「仮に方伯が私の学校の卒業生であったら、領民たちをまるで家畜を売るようにイギリスに売り渡し、戦場に引きずっていくようなことはしなかっただろう。これは一人の諸侯の邪悪な性格によるものである。このような取引は汚らしいエゴによって引き起こされたもの以外の何物でもない。私はアメリカで自分たちの命を不幸にそして無駄に終わらされることになるヘッセン人を気の毒に思う」とまで言わしめた事態が猖獗《しょうけつ》を極めることになる。

それは紛れもないドイツ傭兵哀史であった。

アメリカに売られたドイツ傭兵

ここは、あるドイツ大公の愛妾ミルフォド夫人の館の一間。

大公の老いたる侍僕が大公の使いでヴェネチアから届いたばかりの宝石を届けにやってくる。

夫人はそのあまりにも見事な宝石に声を呑み、いったい殿様はこれにいくらお支払いになったかと老僕に尋ねる。

老僕は「一文もお支払いにはなりませぬ」と答え、驚愕する夫人にそのからくりを話して聞かせる。

「昨日、七千人の御領民どもがアメリカへむけて送られました。それでお支払いはすんでいるのでございますよ」

事態がすぐに飲み込めない夫人はいらいらと部屋中を歩き廻り、やがて老僕が目に涙を湛えているのに気が付く。

「お前、どうかしたのかい。泣いているね」

老僕は涙をぬぐいながら震える声で、「みんなこの宝石と同様に大事な人間でございますのに。手前の息子どももやはり送られてしまいました」と静かに答えた。

「でもみんな無理に送られたのではあるまいね」と夫人は自分を慰めるかのように自信なげに呟く。
すると老僕は引きつった笑い声を立てながらこう言うのだった。
「いえ、どう致しまして、そんなことはございません。誰も彼も喜んで出かけました。もっとも二三の生意気な奴等は隊の正面へ進み出て、殿様は人間をひとつがいいくらでお売りになるのですかと連隊長にたずねた者もございました。ところが御領主様の御命令で全連隊は残らず練兵場に整列して、その出過ぎた者共を射倒してしまったのでございます。鉄砲の音がとどろきました。脳味噌が舗石《しきいし》に飛び散りました。すると全軍が叫びました。万歳！　アメリカへ進め！」

フリードリッヒ・シラーの戯曲『たくみと恋』の第二幕第二場の一場面である。

七年戦争はヨーロッパ列強がオーストリア、フランス、ロシア連合とプロイセン、イギリス連合に分かれて戦った戦争である。ここで目を引くのは女帝マリア・テレジア率いるオーストリア・ハプスブルク家が友好国イギリスと離れ、長年の宿敵であるフランス・ブルボン家と手を結んだことである。これが世に言う「同盟国の組替え」である。

さてイギリスは大陸政策を変更しプロイセン支持に廻ったのだが、このことからもわかるようにイギリスにとってこの戦争の戦場はヨーロッパではなく北アメリカにあった。すなわちこの戦争は、フランスを相手の植民地戦争であった。だからこそイギリスでは七年戦争のことを「フレンチ・インディアン戦争」と呼んでいるのである。

フレンチ・インディアン戦争は結局はイギリスの圧勝に終わり、フランスは北アメリカの領土を失った。もちろん勝ったとはいえイギリスも無傷ではすまない。膨大な戦費のために国家財政は危機に瀕した。イギリスはその穴埋めを植民地北アメリカに求める。種々様々な税をアメリカにかける。アメリカ各州はこれに猛然と反発し、ついに本国イギリスに反旗を翻し、アメリカ独立革命戦争を引き起こす。

フレンチ・インディアン戦争のようにフランス相手の局地戦ではなく、独立十三州相手の全面戦争である。イギリスはこの頃は海軍国で名を馳せており、そのぶん陸軍が弱体であった。そこでイギリスは独立鎮圧軍の補給をドイツ諸侯国に求めた。これがシラーがその一端を描いたドイツ傭兵哀史の始まりである。

シラーはあくまでも戯曲のなかでだが、ドイツ諸侯のなかには愛妾に宝石をプレゼントするために七千人の領民をイギリスに売り飛ばした者がいると痛罵している。愛妾への宝石の代価を七千人の命と引き換えるというのは少しオーバーだが、確かにこれに近いことを平然と行う諸侯はいた。
フリードリッヒ大王が「汚らしいエゴ」と吐き捨てた、ヘッセン・カッセル方伯フリードリッヒ二世である。

横行した兵士狩り

ブラウンシュヴァイク	五七二三
ヘッセン・カッセル	一六九九二
ヘッセン・ハーナウ	二四二二
アンスバッハ・バイロイト	二三五三
ヴァルデック	一二二五
アンハルト・ツェルプスト	一一五二
合計	二九八六七

八年間続いたアメリカ独立革命戦争のさなかに、ドイツ諸侯がイギリスに売り飛ばした傭兵の数である。ヘッセン・カッセル方伯家が群を抜いて多い。それは方伯フリードリッ

ヒ二世が、時のイギリス王ジョージ三世の従兄弟にあたるという個人的理由からでは決してない。

領内にこれといった産業もなく、四十万足らずの畑作農民を抱えるに過ぎないヘッセン・カッセル方伯家にとって自領民の外国傭兵化はいわば代々の家業であった。

今回のイギリス相手の商売で方伯は兵士一人頭三十クローネン、あるいは七ポンド四シリング、他に補助金をも合わせて計四十五万クローネンを自分の懐に入れている。つまりこの金のおかげで方伯領内の税金が安くなったわけでもなんでもない。すべては方伯家の贅沢三昧に濫費されたのである。この三十年後、ヘッセン・カッセル方伯家を追放したナポレオンが、「ヘッセン・カッセル方伯家は長年にわたって領民をイギリスに高く売りつけていた。そして莫大な富を摑んでも同家の強欲さは収まらず、そのことが同家没落の原因となった」と書いているのも大いにうなずける所業である。

ともあれ、イギリスの金を求めてドイツ諸侯国で傭兵用の兵士狩りが始まる。

まず、無宿者、渡り職人、大道芸人、ロマ（ジプシー）、大酒のみ、盗伐人、辻音楽師等々が狙われた。さらに監獄、精神病院、酒場がくまなく探され、商品が払底すると普通の民家にも忍び込みさらってくるというひどさであった。

そして拉致された兵たちの輸送には、脱走を防ぐためのありとあらゆる手段が施された。

サーベルと銃で脅しながら兵を歩かせ、兵が住んでいたことのある町や村は避け、宿も決まった所にしか泊まらず、宿では兵は衣服を脱がされ、食事の際には壁に向かって座らされ、夜でも寝室は光をつけたままで寝させられた（『裏切られて、売られて』）。

こうしてアメリカに送られたドイツ傭兵総計二万九千八百七十六人のうち、一万二千五百五十四人は再びドイツに戻ることはなかった。一つには独立革命軍総司令官ワシントンの巧妙な脱走勧誘作戦のためと言われている。

ワシントンはドイツ傭兵に向かって、脱走者には五十エーカーの土地、四十人を連れて脱走した中隊長には八百エーカーの土地と牡牛四頭、種牛一頭、牝牛二頭、豚四匹を与える、なお、脱走後は独立軍に無理に加わる必要はない、加われば階級が上がり、駐屯地勤務で実戦につくことはない、と大いに宣伝した。これはある程度、効果があったが、しかし再びドイツの地を踏むことのなかった一万二千五百五十四人のドイツ傭兵の大半はやはり戦死であった。

このようなドイツ傭兵哀史を底に秘めたアメリカ独立革命戦争は、独立革命軍が勝利しアメリカ合衆国が誕生した。そしてこの新世界で芽生えた革命精神は旧世界ヨーロッパに渡り、フランス大革命を引き起こすことになる。これはヨーロッパの基本的軍制のひとつであった傭兵軍に終焉をもたらす出来事であった。

第十二章　生き残る傭兵

外人部隊創設の勅書を発っした最後のフランス国王ルイ・フィリップ（コンデ美術館蔵）（写真＝WPS）

国民軍の誕生

この日、ここにおいて世界史の新しい時代が始まる。

文豪ゲーテの言葉である。

フランス大革命とそれに続くナポレオン戦争というヨーロッパ史上最激動期を詩人の冷徹な目でつぶさに見てきたゲーテにとって、「世界史の新しい時代」の幕開けとはアウステルリッツの三帝会戦でもなく、トラファルガー沖海戦でもなく、ましてやワーテルローの戦いでもなかった。

ゲーテの言う「この日」とは一七九二年九月二十日、「ここ」とはフランス中北部シャンパーニュ地方の東端ヴァルミーであった。

「この日」よりちょうど五ヵ月前の四月二十日、革命政権であるフランス立法議会はオーストリアに宣戦布告している。これを見て当初は中立を取ると思われていたプロイセンがオーストリアと同盟を結ぶ。ちなみにこのときルイ十六世は、いまだにフランス王の玉座にある。しかしルイ十六世は自らの名前で宣戦布告した当の相手のオーストリア・プロイセン同盟軍と通じようとして画策する。

これに応えて同盟軍総司令官ブラウンシュヴァイク侯は、国王ルイ十六世への陰謀が発覚すればパリの街を破壊するという声明を発表した。

これはヨーロッパ諸国からの革命フランスへのあからさまな内政干渉であり、フランス革命潰しであった。

七月十一日、立法議会は「祖国は危機にあり」の宣言を採択した。

ルイ十六世はブラウンシュヴァイク侯の声明通りにオーストリア・プロイセン同盟軍をパリに呼び込もうとしてしきりに革命勢力を挑発し続けた。そして八月十日、ついに革命勢力はこの挑発に乗り蜂起する。彼らは王の住むテュイルリー宮殿を襲撃し、立法議会はルイ十六世の王権を停止し、新たに国民公会の招集を決定する。

このときテュイルリー宮殿を守っていたスイス護衛兵は、最後の一兵に至るまでことごとく倒れた。そしてその十日後、フランス常駐のスイス連隊四万の兵が解雇される。約三百年間にわたって絶えずフランス軍の中核を担っていたスイス傭兵部隊がフランスから消えたのである。

消えたのはスイス連隊だけではない。革命を嫌って国王軍の多くの将軍・将校が亡命してしまった。その間、オーストリア・プロイセン同盟軍は進軍を続ける。

もちろん、同盟軍の主力は傭兵軍である。総司令官カール・ヴィルヘルム・フェルディナント・フォン・ブラウンシュヴァイク侯とはアメリカ独立革命戦争の際、自領民五千七百二十三人を傭兵としてイギリスに売り飛ばしたブラウンシュヴァイク侯家の当主であり、彼自身がオーストリア・プロイセン同盟の傭兵隊長のようなものであった。

同盟軍は多くの将軍・将校を亡命で失ったフランス軍革命軍を蹴散らし、八月二十三日、ロンヴィを、九月二日、ヴェルダンとフランス軍の拠点を相次いで陥落させていった。この同盟軍を解放者として歓迎した王党派は別にして、革命勢力にとってまさに「祖国は危機にあり」であった。そして「この日」を迎えたのである。

つまり「この日」、フランス革命勢力は絶体絶命にあった。「ここ」ヴァルミーで同盟軍を迎え撃つフランス革命軍は将校を始めとして素人の集団に過ぎなかったのである。まさにルイ十六世の思惑通りに革命は潰える寸前であった。

フリードリッヒ大王以来の伝統を誇るプロイセン軍の先鋒部隊が、退却をしようとしていた革命軍ケレルマン少将の軍団に襲い掛かった。ケレルマンは革命軍北部司令官デュムーリエ軍の援助を受けなんとか踏みとどまった。戦線は騎兵も歩兵も進むことができないほどの激しい砲弾戦となり、膠着《こうちゃく》した。そこでプロイセン軍は砲撃を倍加させ、歩兵と騎兵を突入させようとする。

そのとき、フランス革命軍の中から突如として「フランス国民万歳！」と言う声が起きた。

それは「フランス国王万歳！」ではなく、間違いなく「フランス国民万歳！」であった。この叫び声はたちまちのうちにフランス全軍に広がった。フランス軍兵士はこのとき初めて「祖国、然らずんば死」を意識したのである。こうしてヨーロッパ史上初の「国民軍」が誕生した。すなわちこのときよりフランスにとって戦争とは王家による王朝戦争ではなく、国民戦争となったのである。同時にそれは軍としての傭兵部隊の終焉をも意味していた。

フランス国民軍の異常なまでの奮戦に、オーストリア・プロイセン同盟軍総司令官ブラウンシュヴァイク侯は攻撃を諦めた。この戦いでの戦死者は最も少なく見積もって、フランス国民軍三万六千のうちの三百、同盟軍三万四千で二百であった。どちらが勝利を収めたとも言えない数字である。しかし補給路の確保が難しくなった同盟軍は退却することにした。

これは辛勝とはいえフランス国民軍の勝利である。フランスは革命以来、初めて勝利を手にした。金のためではなく祖国を守るために戦う国民軍が、皇帝や王の傭兵軍隊を打ち破ったのである。このことの意味を、同盟軍に参加していた主君ワイマール侯の随員としてこの壮絶な砲撃戦の場にいたゲーテの慧眼《けいがん》は過《あやま》たずに見抜いたのである。

「祖国、然らずんば死」

フランス革命勢力はこの世界史の新しい時代が始まった輝かしき勝利の日に即座に国民公会を招集し、翌九三年八月には十八歳から二十五歳までの青年を動員するという「人民総徴兵法」を通過させ、百万におよぶ大軍を編制した。ヴァルミーの戦いで呱々《ここ》の声をあげた国民軍が制度として確立されたのだ。

その後「祖国、然らずんば死」を胸に秘めた国民軍は、革命戦争からナポレオン戦争前半にかけてヨーロッパ諸国の国王の私兵、すなわち常備軍的傭兵軍を相手に連戦連勝を重ねる。

しかし革命の英雄ナポレオンがフランス皇帝となり、フランス国家がフランス国民の手から離れ、ボナパルト王朝のものとなるとフランス国民軍は、皇帝ナポレオンの擁する侵略軍へと変質していく。つまり、フランスの国民戦争はいつのまにかボナパルト家が主導する王朝戦争に戻ってしまったのである。逆にそのナポレオンに侵略される諸国にとってナポレオンに対する戦争は国民戦争となるのである。ドイツの哲学者フィヒテが『ドイツ国民に告ぐ』と祖国防衛を訴えたのがその好例である。そしてこのナポレオン戦争（諸国民戦争）期に王朝戦争を仕掛けるフランスの側に徴兵忌避者が著しく増大したのである。

ナポレオンは帝位についた一年後の一八〇五年、それまでに「人民総徴兵法」を経て、公式に制度化されていた徴兵制度ジュウルダン法の運用の煩雑さを嫌って新たな徴兵制を敷いた。

まず徴兵の概数が示され各市町村への割り当て数が告示される。市町村の役人は徴兵適齢者のなかから決められた人数を抽選で決める。かつてヴァルミーの戦いのさなか、「フランス国民万歳！」と叫んだフランス人は抽選で兵士を決めるこのやり方を「人食い鬼法」と呼び、激しい拒絶反応を示した（『ナポレオン戦争』志垣嘉夫）。

徴兵忌避者が増大すれば、金で兵役の身代わりをする者が出てくることになる。これはこのままいけば傭兵の復活に繋がるかに思えた。

しかし逆に帝政末期の一八一一年からの三年間で一万人以上の徴兵忌避者とその数倍の脱走兵を生み出したという事実が、フランスにおける常備軍的傭兵軍の復活を阻んだとも言えるのである。

誕生なったフランス国民軍が皇帝ナポレオンの私兵になることを拒んだということは、国民軍にとって戦争とはフランス国家の戦争でなければならなかったことを意味する。ナポレオンの侵略戦争は祖国防衛の戦争ではなくなっていた。

それでも過酷な徴兵制を敷いてフランスを泥沼戦争に引きずり込んだナポレオンは、フランス国民にノンを突きつけられ、覇者専横の末路を迎えることになった。

ナポレオンが最終的に敗北した主な理由は、革命の輸出に恐怖した各ヨーロッパ君主国の大同団結にあったわけではない。フランス国民がナポレオンの指導する戦争をフランス国家の戦争と見なさなかったからである。そのことを意味するフランス国民の徴兵忌避と脱走が蟻の一穴となって軍神ナポレオンは倒れた。このようなフランス社会では常備軍的傭兵部隊が国民軍に取って代わることはついになかったのである。

「血の輸出」の禁止

もちろん革命フランスに国民軍が生まれたからといって、それで直ちにヨーロッパから軍としての傭兵部隊が消えたわけではない。

フランス以外の国では相変わらず傭兵が軍の一角を占めていた。スペインにはスイス傭兵部隊が六連隊も存在していたし、またトラファルガー沖海戦では多くのドイツ人傭兵水兵がイギリスのネルソン提督の下で戦っている。さらにこの海戦ではチロル傭兵銃兵がフランス艦隊に乗り込んでいる。それゆえ海戦中にネルソン提督の命を奪った銃弾はひょっとしたらチロル傭兵の発したものかもしれないのだ（『裏切られて、売られて』）。

スイス誓約同盟は時計産業という地場産業が発展し、雇用機会が大幅に増えたにもかかわらず、ひところに比べれば数はだいぶ減ったものの、相変わらず傭兵を各国に売りつけていた。それはこの傭兵産業の利益のほとんどが、スイスの特権階級である都市門閥の懐に入る仕組みとなっていたからでもある。彼らはこの権益を決して手放そうとしなかった。ところが一八五九年に、イタリア統一を巡ってオーストリア帝国軍とフランス第二帝政・サルジニヤ王国連合軍が激突したソルフェリーノの戦いが一つの転機を促すことになる。

この戦はアンリ・デュナンをして国際赤十字創設を想起せしめた壮絶なものであった。両軍あわせて二十六万の兵士が投入され、合計八百門の大砲がうなりをあげたこの悲惨な戦いで連合軍に雇われたスイス傭兵部隊はかつてないほどの多くの戦死者を出したのである。

夥《おびただ》しい数の同胞の傷口から戦争を恨む血が流れ出るのを目にしたスイス傭兵部隊はついに反乱を起こした。これをきっかけにスイスは外国の正規軍以外の軍務を禁止する。しかし正規軍、非正規軍を問わずすべての外国軍隊への軍務が禁止されたのは第一次世界大戦が終了してから十年の一九二七年のことであった。

十五世紀のブルゴーニュ戦争から始まったスイスの傭兵産業、「血の輸出」は約四百年を経て漸くその悲惨な歴史の幕を閉じた。

しかしこのスイスの場合は例外であった。一七九二年九月二十日、ヴァルミーの戦いでフランス革命軍が「フランス国王万歳!」ではなく「フランス国民万歳!」と叫び、「祖国、然らずんば死」に初めて覚醒したのは、ゲーテの言うようにやはり世界史の新しい幕開けであったのだ。

諸外国によって危うく革命をつぶされそうになったときにフランス人に目覚めた国民意識は、こんどはそのフランス・ナポレオン軍の桎梏《しっこく》から抜け出ようとする諸国民戦争(ナポレオン戦争)を通じて全ヨーロッパに瞬く間に広がっていった。

それとともに、上に上がりきったものは必ず下がり始めるという法則どおりに、権力の在《あ》り処《か》は国王の玉座から次第に下に降り始める。そして権力はついに国民というこれ以上なく明瞭な、なおかつ同時にこれ以上なく不分明な概念の手中に落ちていく。

十九世紀ナショナリズムの誕生である。

そのとき、驚くほどの多くの国民が「祖国のために死ぬこと」の意義を認めるのである。古代オリエント以来、ヨーロッパの最も基本的な兵制の一つであった傭兵制度はこうして各国の国民軍から排除されていく。

フランス外人部隊の誕生

だがしかし、歴史はこれほど画然とは進まない。今日、我々を苦しめる環境問題の最大の敵が便利さとコストであるように、安上がりで簡単に使い捨てのできる傭兵部隊の需要がこの地上からなくなることはない。

そして皮肉なことに国家として傭兵部隊を正式に復活採用したのは、国民軍の生みの親であるフランスであった。

一八三一年三月十日、フランス国王ルイ・フィリップは外人部隊創設の勅書を発した。この部隊の当初の目的はその頃、フランスが手に入れた植民地アルジェリアの占領政策のためであった。ところがフランス政府は、この外人部隊を王位継承問題で「カルロス党の内乱」を引き起こしたスペイン王政府に八十万フランで売り飛ばしている。売られた外人部隊四千は、内乱終結時にはわずか五百に減ってフランスに舞い戻っている。

その後この外人部隊は王制、共和制、帝政、共和制とフランスの体制が変わっても、部隊として維持され多くの戦いに参加している。

ただし、それは補助部隊、特殊部隊としてであった。つまりフランス正規軍にしてみれば、外人部隊はあくまでも使い捨て部隊に過ぎなかったのである。確かにソルフェリーノの戦いの勝利パレードの際に、外人部隊はおなじみの白いピケの帽子を被《かぶ》って六人四列でシャンゼリゼを初めて分列行進し、フランス軍隊の中でその存在を認知されたかに見えたが、相変わらず軍内部で差別の対象であった。

アフリカに駐留する外人部隊の兵士は、兵であると同時に道路工夫でもあった。昼は灼熱、夜は寒冷の激しい気候の中、兵士たちは戦いがないときはカービン銃を横に置き、道路工事に従事する。フランス正規軍はそんなことをしない。それゆえ、外人部隊を指揮し、主としてアルジェリア戦線を戦っていたフランス人将軍は「アフリカ野郎」と蔑まれ、軍の中枢から外されるのが常であった。

差別される者が自らの認知を賭けて戦う戦いは、おおむね壮絶にして悲劇に終わることが多い。その例がメキシコ干渉戦争とインドシナ、マダガスカル侵攻作戦である。

フランス第二帝政を開いたナポレオン三世はメキシコ革命に際して、ヨーロッパ列強がそれぞれの権益を守るために行ったメキシコ干渉戦争を主導した。このメキシコ派遣軍の総司令官は「アフリカ野郎」のパゼーヌ元帥で外人部隊も多数投入された。ただしその外人部隊の装備は貧弱で、あくまでも派遣軍本隊の別働隊にしか過ぎなかった。

一八六三年四月三十日、ダンジュー大尉に率いられた六十人の外人部隊は、メキシコ熱帯地方の死の行進の果てにカマロンの戦いでメキシコ革命軍に徹底抗戦し全員戦死している。この悲劇の日、四月三十日は「カマロン記念日」として外人部隊の特別な日に指定されている。

インドシナ、マダガスカル侵攻はもっと悲惨であった。インドシナでは旧宗主国清帝国の実権を握る稀代の悪女、西太后に操られた匪賊部隊、黒旗軍に苦しめられ、投入された外人部隊の九割が戦死した。

インド洋に浮かぶマダガスカル島侵攻では五千七百三十六人の外人部隊が、戦う前に疫病で命を落としている。

メキシコ、インドシナ、マダガスカル、そしてアルジェリア。いずれもフランス本国から遠く離れたところに位置している。そしてその侵攻は帝国主義的植民地政策のためであり、フランス国家国土防衛とはなんの関係もない。

このような戦いにフランス市民の遺骸が累々と横たわることをフランス世論は決して許さない。それゆえの外人部隊の投入である。もちろんフランス軍本隊も投入されるが、右も左も判らない異国の地での戦いで最も危険だと思われるところには決まって外人部隊が配備されるのである。その意味でフランス外人部隊はヨーロッパの中世末期から近世初期にかけて軍の中核となった傭兵部隊ではなく、あくまでもフランス軍事政策のダーティーな部分を受け持つ特殊部隊に留まったのである。

外人部隊を志願する者たち

それではこんな外人部隊に誰が好き好んで入隊するのか?

もちろんフリードリッヒ大王やドイツ傭兵哀史を産み落としたヘッセン・カッセル方伯を始めとするドイツ諸侯が行ったむちゃくちゃな募兵で集められたのではない。もはやそんな時代ではない。フランス外人部隊は純粋志願兵で成り立っている。

兵たちの出身国は多岐にわたっているが、かつて名を馳せたランツクネヒトやスイス傭兵部隊の伝統の影響か圧倒的にドイツ人、スイス人が多数を占めている。

そして兵たちの出身国もさることながら、外人部隊に籍を置く前の兵たちの職業の多彩さには眼を瞠《みは》るものがある。職人、工場労働者、船員、海軍将校などに混じって法律学者、医者、ヨーロッパ最高のオーケストラの一員である音楽家等々もどんな理由があったのか外人部隊の戸を叩いている。

さらには、ヨーロッパの君主一族の者までが外人部隊に属していた。

イギリス王ジョージ五世の従兄弟にあたるデンマークのプリンス、アーゲは二十年にわたって在籍している。モナコ公国のルイ二世は一時期、連隊付き将校となっている。セルビア国王ペダル一世は中尉として普仏戦争に参加している。常に偽名で通し、レジョン・ドヌール勲章授与を断ってまで本名を明かすことを拒んだ伍長に犯罪がらみの疑惑が巻き起こり、調査の結果この伍長はローマ郊外に宏壮な城を構えるローマの最も古い貴族、ヴァルディン家のプリンスであることがわかったという例もある。なお、彼は停年まで隊に留まり、大尉で退役した（『裏切られて、売られて』）。

しかしさらに驚くべきことは一九四〇年、ナチス・ドイツがフランスを占領したとき、マルセーユの港で北アフリカへの輸送を待っていたフランス外人部隊志願者のなかに、二百五十人の逃亡ドイツ兵が混じっていたことである。

第二次大戦の最中に敵国の軍であるフランス外人部隊に志願した彼ら二百五十人の逃亡ドイツ兵は、はたして反ナチズムの闘士だったのだろうか？ 彼らはナチに対抗するレジスタンスの一つとして外人部隊に身を投じたのだろうか？ どうしてもそうは思えない。かつてフランツクネヒト部隊には食い詰めた都市プロレタリアートや貧農が食うために群れをなして入隊してきたが、なかには都市貴族の子弟、れっきとした市民、職人、学生、富農の連中がわざわざ飛び込んできた。いずれも静謐《せいひつ》な定住身分社会に飽き足らぬ冒険野郎たちである。

フランス外人部隊に身を投じた君主一族や門閥の子弟、医者や学者や音楽家もその類であろう。そして逃亡ドイツ兵の大部分も、恐らくは巨大な機械に変質した近代の国民軍という組織の持つ個を圧殺する原理に背を向けたのであろう。

第一次大戦後、敗戦国ドイツは混乱の極に陥り、左右勢力の私設軍隊が街頭で衝突を繰り返していた。右派勢力はドイツ帝国時代の将校を中心に義勇兵を募兵する。ある義勇軍募集プラカードには、ランツクネヒト部隊の太鼓手の姿が描かれている。これを見て義勇軍に応募するのは第一次世界大戦中に学校を出てすぐに兵隊に取られ、普通の市民の職業生活を知らずに、混迷する戦後ドイツを捨て鉢になってうろついていた連中がほとんどであった。その意味でこの義勇軍は傭兵軍であった。

アンチ・ブルジョワ、アンチ・コミュニズムの旗のもと、民族主義的に異様に高まる連帯感を求めて彼らは市民社会に背を向けて義勇軍に飛び込んだ。義勇軍にこそ、我らの自由がある、我ら義勇兵こそ自らの意思で戦う自由戦士なのだ！　彼らはかつてのランツクネヒトにわが身をなぞらえる。こうして傭兵ロマンチズムが彼らの背中をドンと押すのである（『ドイツ傭兵〈ランツクネヒト〉の文化史』）。

このような義勇軍の指揮官に次のような冒険野郎がいた。

ギムナジウムと士官学校を終え、第一次世界大戦では参謀本部付将校を務め、大戦後はエップ義勇軍の武器担当官、次にバイエルンの防衛隊との帝国国防軍の連絡将校となり、やがてヒトラー一揆に参加し、帝国国防軍を除隊になり、一九二八年から三〇年にかけて南米ボリビアの軍事顧問官となり、一九三一年以降はナチの突撃隊の隊長となるエルンスト・レームである。

政権を獲得するまでのヒトラーにとって、傭兵ロマンチズムに酔い痴れるこんな冒険野郎ほど便利な存在はなかった。しかし一九三三年、ヒトラーは政権の座につく。ヒトラーは彼の第三帝国を精緻な組織に組み立てるために、常に組織を個に解体しようとする冒険野郎が邪魔となる。親衛隊と国防軍を有機的に連携させることに成功したヒトラーにとって、突撃隊という私設軍隊はもはや無用のものとなってきた。軍はエルンスト・レーム個人の所有物ではなく、あくまでも国家の軍でなければならない。ヒトラーは傭兵軍で戦争をする気はなかった。戦争は銃後を含めて国民総動員体制で戦わなければならない。それでこそ、輝かしき第三帝国の樹立であった。

かくして一九三〇年代ドイツの傭兵隊長エルンスト・レームは、ヒトラーの命により暗殺されたのである。

そのヒトラーのドイツ軍によって一九四〇年、マルセーユで捕らわれたフランス外人部隊に身を置いていた二百五十人の逃亡ドイツ兵は国家の軍を嫌い、自由戦士を標榜する小レームたちであったのではなかろうか？

現代の傭兵たち

いずれにせよ、フランス外人部隊を除き、古代オリエント以来、ヨーロッパの最も基本的な兵制の一つであった傭兵制度は、国民軍の誕生とともにヨーロッパの国家軍事機構からその姿を消した。

だが、傭兵たちは生き残る。彼らはマイク・ホアーやボブ・ディナールのような、戦争こそを己の生きる糧とする冒険野郎のチームに我が身を置く。あるいは南アフリカのエグゼクティヴ・アウトカムズに代表されるような、いくつかの軍事コンサルタント会社に自分たちを売り込む。そして、いつ果てるとも知れない内戦を繰り返す第三世界の軍事政権に軍事スペシャリストとして雇われて戦う。

しかし彼ら現代の傭兵たちとは、かつて社会のパラダイム崩壊の直撃を受けて、そのパニックから脱出するために、人にとって最大のパニックであるはずの死と直結した戦争に生きるため、食うために出稼ぎにいった傭兵ではない。

彼らが敢えて死地に赴くのは自分たちの身体に巣くう、抑えがたい冒険心の虫がそうさせるのかもしれない。

国家の権力が上から下に下がることによって、権力は国民というまったくの不可視の領域に霞んでいった。このような国民国家を維持するためには、個の冒険を排除する強固な組織によって国民の生活を保障するしかない。そのために様々なルールが編み出される。人々はそのルール、言うなれば世俗の作法にのっとり生活する。あるいは自分たちの破天荒な想像力と世俗の作法とのあいだの掛け橋を往還しながら生きていく。少なくともヨーロッパは大多数の人間が食うために生きるために、傭兵として戦場に身をさらす必要のない国民国家という組織を作り上げた。

もちろんこの組織からはずれる人間は必ずいるものである。現代の傭兵たちもそうだ。彼らは自分たちのアイデンティティーを求めて砲弾の下をかいくぐる。しかし死と隣り合わせの場所にしか自己実現できない彼らは悲しい人間たちでもある。

あとがき

ためしにインターネットで「傭兵」をキーワードに検索すると、万に近い膨大な件数が示される。世の「傭兵」への関心の高さが窺《うかが》い知れるところだ。しかしこれらネット上の傭兵に関する情報は本書末尾の参考文献にも挙げた、戦場に身をさらすことで自らのアイデンティティーを狂おしくも求めるしかない、現代ドイツの若者の生態を捉えた秀逸なルポルタージュ『ランボーを演じに行く』（邦訳なし）のように現代のバルカン半島や第三世界の傭兵に関するそれか、あるいは戦争ゲーム、または映画についてのものがほとんどである。

しかし本書は「はじめに」で書いたように忠誠、祖国愛といった観念と無縁なところで戦ってきた古代オリエント以来の基本的軍制の一つであった傭兵の歴史を追うものである。だとすれば勢い、参考となる文献も限られてくる。そして本書の種本はずばり次の四書である。

アルバート・ホッホハイマー『裏切られて、売られて』（邦訳なし）

ラインハルト・バウマン『ドイツ傭兵（ランツクネヒト）の文化史』（新評論より邦訳・近

刊予定)
京都大学文学部西洋史研究室編『傭兵制度の歴史的研究』(比叡書房・絶版)
藤木久志『雑兵たちの戦場』(朝日新聞社)

いずれも名著で、いままで私が抱いていた漠とした傭兵観に適切な修正を加え、傭兵の歴史に具体的なイメージを与えてくれた。著者たちに感謝頻《しき》りである。

他にも末尾に挙げた参考文献の著者たちに心から御礼申し上げる。

さて、本書の狙いは「はじめに」にもあるように、私が長年にわたり気に懸けていたナショナリズムの成立の仕組みを、そのナショナリズムとは無縁の傭兵たちの歴史を見ることで逆説的に探っていこうとしたものである。果たしてこの狙いはある程度達成されたのだろうか? 読者のご判断を仰ぎたい。

本書は、私よりかなり若い講談社現代新書出版部の田中浩史氏のやさしくて怖い叱咤激励がなければ日の目を見なかっただろう。私の研究室でビールを飲みながらああでもない、こうでもないと語り合った氏との打ち合わせは楽しいものだった。ここで御礼申し上げたい。

沙希と由里に

参考文献

Reinhard Bauman, *Georg von Frundsberg*, Sturmberger Verlag, 1991

Reinhard Bauman, *Landsknechte Ihre Geschichte und Kultur von späten Mittelalter bis zum Dreißigjährigen Krieg*, Verlag C.H. Beck, München, 1994

Peter Blastenbrei, *Die Sforza und ihr Heer*, Carl Winter Universitätsverlag, 1987

Peter Bruschel, *Söldner im Norddeutchland des 16. und 17. Jahrhunderts*, VANDEHOECK & RUPRECHT IN GÖTTINGEN, 1994

Werner Friedrich, *Die völkerrechtliche Stellung von Söldnertruppen im Kriege*, Beck+Herchen, 1978

Albert Hochheimer, *Verraten und verkaft*, Deutscher Bucherbund Stuttgart, Hamburg, 1967

Karl Kossert, *Martin Schenk von Nidggen*, Mercator-Verlag, 1993

Heike Preus, *Söldnerführer unter Landgraf Philip dem Großmütigen von Hessen (1518-1567)*, Darmstadt und Marburg, 1975

Jüngen Roth, *SIE TÖTEN FÜR GELD*, Knaur, 1992

Christoph Santner/Wolfgang Niederrei ter, *Ich geh jetzt RAMBO spielen*, Aufbau-Verlag, 1995

Sigfrid Henry Steinberg, *Der dreißigjährige Krieg*: Eine neue Interpretation in: Der dreißigjährige Krieg Darmstadt, 1977

C.V. Wedgwood, *Der 30jährige Krieg,* List Verlag, 1994

ベネディクト・アンダーソン、白石隆他訳『想像の共同体』リブロポート　一九八七年

マックス・ウェーバー、梶山力他訳『プロテスタンティズムの倫理と資本主義の精神』岩波書店　一九六二年

D・ウェーリー、森田鉄郎訳『イタリアの都市国家』平凡社　一九七一年

ヴォルハルム・フォン・エッシェンバハ、加倉井粛之他訳『パルチヴァール』郁文堂　一九七四年

J・H・エリオット、藤田一成訳『スペイン帝国の興亡』岩波書店　一九八二年

カエサル、國原吉之助訳『ガリア戦記』講談社　一九九四年

ラス・カサス、染田秀藤訳『インディアスの破壊についての簡潔な報告』岩波書店　一九九二年
E・ギボン、中野好夫訳『ローマ帝国衰亡史』筑摩書房　一九九六年
クセノポン、松平千秋訳『アナバシス―敵中横断六〇〇〇キロ』岩波書店　一九九三年
クラウゼヴィッツ、篠田英雄訳『戦争論』岩波書店　一九六八年
クリストファ・グラヴェット、鈴木渓訳『中世ドイツの軍隊』新紀元社　二〇〇一年
グリンメルスハウゼン、望月市恵訳『阿呆物語』岩波書店　一九五四年
ベルナール・コンベ＝ファルヌー、石川勝二訳『ポエニ戦争』白水社　一九九九年
ルネ・シャルトラン、稲葉義明訳『ルイ14世の軍隊』新紀元社　二〇〇〇年
ハンス・K・シュルツェ、千葉徳夫他訳『西欧中世史事典』ミネルヴァ書房　一九九七年
フリードリッヒ・シラー、丸山武夫訳『オランダ独立史』岩波書店　一九四九年
フリードリッヒ・シラー、実吉捷郎訳『たくみと恋』岩波書店　一九五七年
フリードリッヒ・シラー、渡辺格司訳『三十年戦史』岩波書店　一九八八年
トゥキュディデス、久保正彰訳『戦史』　世界の名著5　中央公論社　一九八〇年
マイケル・ハワード、奥村房夫他訳『ヨーロッパ史と戦争』学陽書房　一九八一年
ヨアヒム・ブムケ、平尾浩三他訳『中世の騎士文化』白水社　一九九五年
ブルクハルト、柴田治三郎訳『イタリア・ルネッサンスの文化』中央公論社　一九九七年
リチャード・ブレジンスキー、小林純子訳『グスタヴ・アドルフの歩兵』新紀元社　二〇〇一年
U・ブレーカー、阪口修平他訳『スイス傭兵　ブレーカーの自伝』刀水書房　二〇〇〇年
ハインリヒ・プレティヒャ、関楠生訳『中世への旅　農民戦争と傭兵』白水社　一九八二年
バーン＆ボニー・ブーロー、香川檀他訳『売春の社会史』筑摩書房　一九九一年
マルク・ブロック、新村猛他訳『封建社会』みすず書房　一九七七年
ルイス・フロイス、岡田章雄訳・注『ヨーロッパ文化と日本文化』岩波書店　一九九一年
ヘロドトス、松平千秋訳『歴史』　世界の名著5　中央公論社　一九八〇年
ホイジンガ、堀越孝一訳『中世の秋』中央公論社　一九七六年
ボリュビオス、田辺貞之助訳『総史』　フローベール全集2　筑摩書房　一九九六年
マイク・ホアー、柘植久慶監訳『ザ・ワイルド・ギース』並木書房　一九九二年

ジェイムズ・マギー、冬川亘訳『傭兵部隊』二見書房　一九九二年
マキャヴェリ、池田廉訳『君主論』中央公論社　一九九五年
マキャヴェッリ、永井三明訳『ディスコルシ』　マキャヴェッリ全集2　筑摩書房　一九九九年
モンタネッリ／ジェルヴァーゾ、藤沢道郎訳『ルネッサンスの歴史』中央公論社　一九八七年
E＝R・ラバンド、大高順雄訳『ルネサンスのイタリア』みすず書房　一九九八年
マルティン・ルター、吉村善夫訳『軍人もまた祝福された階級に属し得るか』　現世の主権について　岩波書店　一九五四年
石母田正『中世的世界の形成』岩波文庫　一九八五年
石母田正『古代末期政治史序説』未来社　一九九五年
大澤真幸『ナショナリズムの由来』本　講談社　一九九三年一月〜一九九四年十二月
落合信彦『傭兵部隊』集英社　一九八五年
角山栄『時計の社会史』中央公論社　一九八四年
河音能平『中世封建制成立史論』東京大学出版会　一九七一年
塩野七生『ローマ人の物語III』新潮社　一九九四年
志垣嘉夫『ナポレオン戦争』　歴史読本ワールド　87―4　新人物往来社　一九八七年
司馬遼太郎『愛蘭土紀行2』　街道をゆく31　朝日新聞社　一九九三年
清水廣一郎『中世イタリア商人の世界』平凡社　一九九三年
瀬原義生『スウィス傭兵の成立』　傭兵制度の歴史的研究　比叡書房　一九五五年
高階秀爾『ルネッサンス夜話』平凡社　一九七九年
高山博『中世シチリア王国』講談社現代新書　一九九九年
柘植久慶『フランス外人部隊』集英社　一九八九年
柘植久慶『傭兵見聞録』集英社　一九九一年
中村賢二郎『傭兵隊長ヴァレンシュタインと国家権力』　傭兵制度の歴史的研究　比叡書房　一九五五年
成瀬駒男『ルネサンスの謝肉祭』小沢書店　一九七八年
福田豊彦『古代末期の傭兵と傭兵隊長』　中世日本の諸相上　吉川弘文館　一九八九年

藤木久志『雑兵たちの戦場』朝日新聞社　一九九五年
藤木久志『村の傭兵』　荘園と村を歩く　校倉書房　一九九七年
藤木久志『中世戦場の略奪と傭兵』　人類にとって戦いとは3　東洋書林　二〇〇〇年
藤沢道郎『メディチ家はなぜ栄えたか』講談社　二〇〇一年
平凡社編『世界歴史事典』平凡社　全二十五巻
山内進『決闘裁判』講談社現代新書　二〇〇〇年

講談社現代新書　1587
傭兵《ようへい》の二千年史《にせんねんし》
二〇〇二年一月二〇日第一刷発行　二〇一二年五月二一日第一二刷発行
著者——菊池良生《きくちよしお》　©Yoshio Kikuchi 2002
発行者——鈴木　章一　発行所——株式会社講談社
東京都文京区音羽二丁目一二—二一　郵便番号一一二—八〇〇一
電話　編集（現代新書）〇三—五三九五—三五二一　販売　〇三—五三九五—四四一五　業務　〇三—五三九五—三六一五
カバー・表紙デザイン——中島英樹
印刷所——凸版印刷株式会社　製本所——株式会社国宝社
（定価はカバーに表示してあります）　Printed in Japan

N.D.C.234　229p　18cm
ISBN4-06-149587-9

「講談社現代新書」の刊行にあたって

教養は万人が身をもって養い創造すべきものであって、一部の専門家の占有物として、ただ一方的に人々の手もとに配布され伝達されうるものではありません。

しかし、不幸にしてわが国の現状では、教養の重要な養いとなるべき書物は、ほとんど講壇からの天下りや単なる解説に終始し、知識技術を真剣に希求する青少年・学生・一般民衆の根本的な疑問や興味は、けっして十分に答えられ、解きほぐされ、手引きされることがありません。万人の内奥から発した真正の教養への芽ばえが、こうして放置され、むなしく滅びさる運命にゆだねられているのです。

このことは、中・高校だけで教育をおわる人々の成長をはばんでいるだけでなく、大学に進んだり、インテリと目されたりする人々の精神力の健康さえもむしばみ、わが国の文化の実質をまことに脆弱なものにしています。単なる博識以上の根強い思索力・判断力、および確かな技術にささえられた教養を必要とする日本の将来にとって、これは真剣に憂慮されなければならない事態であるといわなければなりません。

わたしたちの「講談社現代新書」は、この事態の克服を意図して計画されたものです。これによってわたしたちは、講壇からの天下りでもなく、単なる解説書でもない、もっぱら万人の魂に生ずる初発的かつ根本的な問題をとらえ、掘り起こし、手引きし、しかも最新の知識への展望を万人に確立させる書物を、新しく世の中に送り出したいと念願しています。

わたしたちは、創業以来民衆を対象とする啓蒙の仕事に専心してきた講談社にとって、これこそもっともふさわしい課題であり、伝統ある出版社としての義務でもあると考えているのです。

一九六四年四月　野間省一